Alfabetização Cartográfica e a aprendizagem de Geografia

Alfabetização Cartográfica e a aprendizagem de Geografia

Autora:
Elza Yasuko Passini

Colaboração:
Romão Passini

1ª edição
1ª reimpressão

© Direitos de publicação – **CORTEZ EDITORA**
Rua Monte Alegre, 1074 – Perdizes
05014-001 – São Paulo – SP
Tel.: (11) 3864-0111 Fax: (11) 3864-4290
cortez@cortezeditora.com.br
www.cortezeditora.com.br

Editor: *Amir Piedade*
Preparação: *Patrizia Zagni*
Revisão: *Alessandra Biral – Fábio Justino de Souza – Rodrigo da Silva Lima*
Edição de arte: *Mauricio Rindeika Seolin*
Projeto e Diagramação: *More Arquitetura de Informação*
Ilustrações: *Antonio Carlos Tassara*
Impressão: *EGB – Editora Gráfica Bernardi*

Dados Internacionais de Catalogação na Publicação (CIP)
(Câmara Brasileira do Livro, SP, Brasil)

Passini, Elza Yasuko
Alfabetização cartográfica e a aprendizagem de geografia / Elza Yasuko Passini; colaboração Romão Passini. – 1. ed. – São Paulo: Cortez, 2012.

Bibliografia
ISBN 978-85-249-1907-7

1. Geografia – Estudo e ensino I. Passini, Romão. II. Título.

12-03853 CDD-910.7

Índices para catálogo sistemático:

1. Geografia: Estudo e ensino 910.7

Impresso no Brasil – novembro de 2023

Aos nossos filhos, que sempre inspiraram nossas pesquisas: Ellen Key, Elton Jon, Éktor Luiz.
Aos alunos de todos os anos e graus.
Aos professores, nossos parceiros.

Sumário

PARTE II

PARTE III

PARTE IV

Introdução

"Alfabetização Cartográfica" é uma metodologia que estuda os processos de construção de conhecimentos conceituais e procedimentais que desenvolvam habilidades para que o aluno possa fazer as leituras do mundo por meio das suas representações. É a inteligência espacial e estratégica que permite ao sujeito ler o espaço e pensar a sua Geografia. O sujeito que desenvolve essas habilidades para ser leitor eficiente de diferentes representações desenvolve o domínio espacial.

A capacidade de ler representações gráficas[1] liberta-nos da necessidade do contato direto com a realidade, ampliando, dessa forma, as possibilidades de ler e entender o espaço local ↔ mundo ↔ local.

[1]Incluímos nessa categoria os mapas e os gráficos.

Entendemos que as aprendizagens das representações gráficas ocorram de forma semelhante ao processo de aquisição da escrita. Freinet (1977) analisou os desenhos e as linguagens oral e escrita de crianças em suas conquistas e afirmou que são paralelos. Podemos considerar esse conjunto rascunho do pensamento.

Propomos que a Alfabetização Cartográfica seja entendida e estudada com o mesmo cuidado metodológico com que se toma a alfabetização para a linguagem escrita. Trata-se de uma metodologia que estuda a relação entre o sujeito da leitura e o objeto a ser lido, fundamentada em Piaget e Inhelder (1993), Vygotsky (2008) e Macedo (s/d), segundo a ótica do sujeito, e em Bertin (1986), Gimeno (1980), Martinelli (1991), entre outros, segundo a ótica do objeto.

Desde a publicação dos Parâmetros Curriculares Nacionais – PCNs (MEC, 1998), no qual Simielli (1998) discorre sobre a Alfabetização Cartográfica no Ensino Fundamental, a terminologia passou a ser questionada e debatida para buscar as abordagens a serem adotadas no processo. Martinelli (1999, p. 134-135) esclarece que:

> *Concordamos plenamente com a existência e prática de um processo metodológico de Alfabetização Cartográfica, bem como confirmamos sua perfeita articulação com uma educação cartográfica no contexto de uma educação participativa na formação da cidadania.*

A linguagem cartográfica é específica e utiliza-se de um sistema semiótico complexo, que precisa ser decodificado. O estudo da Alfabetização Cartográfica deve incluir os elementos do mapa e do gráfico como categorias das representações gráficas.

Lacoste (1988) questiona o descompromisso da escola em relação à aprendizagem da linguagem cartográfica: "Vai-se à escola para aprender a ler, a escrever e a contar. Por que não para aprender a ler uma carta?" Ele (Lacoste, 1988) define o saber geográfico como um conhecimento estratégico e classifica o mapa como instrumento básico para a construção do saber estratégico. O mapa é um instrumento valioso para o entendimento estratégico do espaço, sendo, portanto, de suma importância que o cidadão seja alfabetizado para saber ler mapas e gráficos com eficiência e utilizar essas ferramentas para agir no espaço com autonomia.

Os estudos de Piaget e Inhelder (1993) esclarecem como podem ocorrer o desenvolvimento cognitivo de crianças por meio da percepção e representação do espaço. As etapas de desenvolvimento cognitivo de crianças e as faixas etárias aludidas nas publicações de Piaget não devem ser tomadas de forma rígida e inibir a prática. Diferentes circunstâncias podem trazer novos ingredientes e provocar o desenvolvimento de habilidades e conceitos considerados impossíveis para aquelas idades. É importante lembrar as possibilidades de se desenvolver as potencialidades, principalmente em atividades coletivas, pois as crianças podem aprender e deixar aflorar habilidades e raciocínios estimulados pelas ações de outras crianças ou adultos.

Ao aprender a utilizar significantes para representar o que a criança tem a comunicar sobre o espaço de suas ações, ocorre o desenvolvimento da função simbólica, permitindo que ela aja sobre o objeto e sua representação.

O desenvolvimento da função simbólica e do domínio espacial ocorre pela ação: a criança age sobre os objetos e desvenda suas propriedades externas (formas) e internas (estruturas). Para o aluno, o espaço da sala, da casa, do bairro ou quarteirão da escola lhe é familiar e a necessidade de inventar o conjunto de significantes para representá-lo é um desafio. O espaço a ser mapeado já está significado, ele conhece suas dimensões, divisões, cores e formas por meio de suas ações de caminhar, ir à padaria, à farmácia, à escola ou simplesmente por ser onde ele vive. O desafio para a criança é a relação significado/significante que ela precisa compor. É preciso que ela tenha liberdade para compor essa relação do significado com o significante por tentativas de aproximação, adivinhação ou relações de semelhança percebidas.

A utilização da linguagem cartográfica nesse processo faz o sujeito avançar de um conhecimento espontâneo para um conhecimento melhorado por meio da sistematização que o ato de mapear e elaborar gráfico impõe.

A leitura de mapa não se resume em localizar um rio, uma cidade, tampouco em decodificar uma forma isolada. No entanto, a decodificação é o processo inicial, pois permite a entrada na linguagem do mapa. Não são as cópias de mapas nem as atividades de colorir rios que possibilitarão à criança desenvolver habilidades para "entrar" no mapa, ler e conseguir extrair informações para interpretar a sua espacialidade, mas, sim, sua capacidade de mapear.

Para a Alfabetização Cartográfica proposta neste livro, é importante considerar os dois procedimentos: a elaboração e a leitura de mapas e gráficos.

É preciso lembrar que o mapa e o gráfico que a criança elabora podem ser confusos, com mistura de perspectivas, algumas transparências e dados agrupados de forma aleatória, pois o visível e o invisível podem estar confusos em sua mente. A escala também é intuitiva, não obedecendo à proporção nas reduções. No entanto, essas representações "distorcidas" fazem parte do desenvolvimento de suas habilidades para o desenho e certamente são mais significativas do que as cópias perfeitas de mapas e gráficos prontos.

A Alfabetização Cartográfica como metodologia pressupõe que:

- o aluno seja o elaborador de mapas e gráficos para conseguir levantar e classificar dados, classificá-los utilizando os elementos cartográficos e, dessa forma, entender a simbologia cartográfica;
- o objeto a ser mapeado e graficado seja conhecido do aluno;
- o ponto de chegada signifique a sistematização dos elementos conhecidos do cotidiano por meio da classificação, comparação,

seleção, quantificação e ordenação na elaboração de significantes que são auxiliares na construção do conhecimento físico e social do espaço;

- a inclusão do espaço conhecido em espaços mais amplos e as relações complexas sejam percebidas por meio das ações da criança em seus deslocamentos diários (casa-escola);
- a habilidade de elaborar mapas e gráficos e processar a sua leitura liberte a criança da necessidade de se reportar à realidade concreta, desenvolvendo por meio da função simbólica a possibilidade de interpretar mapas e gráficos complexos.

Pretende-se que o aluno assim formado como leitor consciente da organização do espaço e da sua representação torne-se um sujeito com autonomia intelectual e investigador que se inquiete com a realidade que lê e vê. Essa inquietação será a sua ferramenta para pensar o espaço de forma crítica, identificar os problemas e investigar os meios de provocar mudanças. Após um trabalho de investigação incluindo pesquisa bibliográfica tanto de meios impressos como na internet, o aluno pode elaborar um mapa e/ou um gráfico com propostas de soluções e utilizá-los na comunicação dos resultados de sua pesquisa.

Dessa forma, o mapa e o gráfico são importantes instrumentos de investigação e comunicação:

- na identificação dos problemas;

- na investigação de suas relações de causas e associações de ocorrências em outros espaços;
- na comunicação dos resultados, expondo na forma de mapas e gráficos as possibilidades de mudanças.

Nesse sentido, a Alfabetização Cartográfica deve ser vista como uma metodologia que perfura a "cortina de fumaça" da Geografia espetáculo a que se referiu Lacoste (1988), pois o aluno alfabetizado, para ler e interpretar mapas e gráficos, terá desenvolvido habilidades para entender o conteúdo estratégico da Geografia.

Adotamos o termo Alfabetização Cartográfica para designar o processo de aprendizagem da Cartografia como linguagem. O ingresso no mundo dos códigos de mapas e gráficos para acessar as informações requer uma aprendizagem específica: ler para entender, representar para ler, entender e avançar na leitura de outras representações e nos níveis de leitura de mapas e gráficos.

Partimos do significado que o aluno estabelece com o mundo: como ele vê o espaço, seus elementos, estabelece relações (de associação, diversidade, ordem, proporção) e representa-o. Dessa maneira, estamos propondo o caminho inverso dos cadernos de mapas: o de copiar ou colorir mapas e gráficos prontos.

Os mapas murais e de atlas são complexos para a fase alfabetizadora, pois contêm muitas informações, símbolos complexos e generalizações que o leitor iniciante ainda não consegue significar.

Portanto, a proposta de Alfabetização Cartográfica é de iniciação e construção. Assim como na iniciação da escrita não trabalhamos com textos de conteúdo abstrato e elaboração de frases complexas, no caso do mapa ocorre algo semelhante. Pedimos que o leitor faça o mapa do espaço como ele o vê e levante os dados que conhece empiricamente para tratá-los na forma de tabela e gráficos utilizando símbolos que existem em sua mente.

O processo é de formação do sujeito e a aprendizagem é do sujeito: ele elege o objeto que significa, codifica e, ao ler o espaço representado, ele o ressignifica, avançando do conhecimento espontâneo que tinha sobre o espaço por meio de suas ações cotidianas para um conhecimento sistematizado.

À medida que o trabalho de representação se desenvolve, o aluno avança nos processos de leitura, passando do nível elementar para o de síntese e de simples descrição para o da análise e proposição. Tanto Bertin (1986 e 1988) como Martinelli (1991) auxiliam a entender os passos a serem trilhados para que ocorra o avanço nos níveis de leitura.

Normalmente são oferecidos às crianças mapas de escalas cartográficas pequenas, como os planisférios, ou mapas do Brasil, com toda a complexidade das projeções que utilizam códigos abstratos e necessitam de legenda, sem que elas tenham passado por um processo de alfabetização e significação do mundo dos signos cartográficos.

É preocupante perceber que as possibilidades de diferentes níveis de leitura que o mapa permite estejam ofuscadas por não haver no currículo uma disciplina que trate do processo de alfabetização da linguagem cartográfica. Não se trata de uma Cartografia Matemática. É o mapa como meio de comunicação que passa por diferentes níveis: quanto mais o leitor desvenda a linguagem do mapa, melhor compreenderá o conteúdo que o mapa tem a mostrar. É o aluno que constrói habilidades de codificar e decodificar, melhora o conhecimento procedimental e, paralelamente, desenvolve a capacidade de ler e ver os elementos no espaço para entender sua Geografia.

O objetivo deste livro é esclarecer as bases metodológicas da Alfabetização Cartográfica como processo de aquisição de habilidades para ler e entender o espaço e sua representação. Considerando que o conhecimento se constrói e aprimora-se na coordenação entre o sujeito da aprendizagem e o objeto a ser aprendido, buscamos uma articulação entre a teoria psicogenética de Piaget e Inhelder (1993), segundo a ótica do sujeito, e a teoria da semiologia gráfica de Bertin (1986), segundo a ótica do objeto, para desvendá-la na busca do leitor eficiente de mapas e gráficos.

PARTE I
Reflexões metodológicas e cognitivas: aproximações entre sujeito ⇔ objeto

"... a gente cai do mapa" (Aluno do terceiro ano do Ensino Fundamental de uma escola privada na qual o estudo do meio foi realizado).

"Como um usuário de mapa desenvolve, internamente, o conhecimento pessoal das relações entre coisas no espaço, na perspectiva de uma folha de papel coberta com marcas de tinta? Como, em linguagem comum, alguém pode ler um mapa?" (Petchenik, 1995, p. 4).

Capítulo 1
Alfabetização Cartográfica
como instrumento para a significação do espaço geográfico

1.1 – *Ser elaborador e leitor de mapas e gráficos*

Uma busca na internet mostra a amplitude que estão tomando as discussões e as pesquisas do tema Alfabetização Cartográfica e há relatos riquíssimos de práticas na construção da metodologia de Alfabetização Cartográfica. É preciso entender os caminhos metodológicos para o desenvolvimento de habilidades de elaborar e ler mapas e gráficos de forma eficaz: codificar e decodificar os símbolos, extrair a informação e interpretar a espacialidade ou a ordem dos elementos representados para entender sua Geografia.

Neste livro, estamos tratando as duas representações, gráfico e mapa, de forma paralela, pois ambas se inserem como subcategorias das representações gráficas. Para o processo da Alfabetização Cartográfica, são semelhantes e, em muitas ações, podem ser complementares, almejando objetivos comuns, ou seja, formar leitores eficientes por meio da ação de mapear e elaborar gráficos.

O processo de alfabetização para elaboração e leitura de mapas e gráficos é semelhante: o aluno é o sujeito que coleta e trata graficamente os dados. A diferença entre eles está na resposta que o mapa e o gráfico fornecem. O mapa responde à pergunta "onde?" e os objetos na sua representação não podem ser permutados. Não se muda em um mapa a localização do símbolo de uma cidade ou ferrovia. O gráfico responde à pergunta "o quê?", "quanto?" e "qual a ordem?", pois os dados são quantitativos. O gráfico pode também ter outras informações como aquelas temporais para responder à questão "quando?" e "qual a sequência?".

O princípio básico para a formação do leitor de mapas e gráficos é a proposta "fazer para entender", baseada em Piaget e Inhelder (1993): a criança aprende agindo sobre o objeto, manipulando-o e descobrindo os elementos que o constituem. Tanto Piaget e Inhelder (1993) como Bertin (1986) afirmam ser essa uma aprendizagem significativa por estar pautada na utilização das ferramentas da inteligência e do pensamento lógico, não sendo, portanto, uma atividade mecânica de reprodução. Bertin (1986) enfatiza a importância de se trabalhar com mapas e gráficos dinâmicos, que permitem ao usuário manipular a forma de comunicar a informação, buscando uma imagem que "fale". Ele adverte que os gráficos e mapas não podem ser estáticos apenas para serem vistos; é preciso ter em mente um gráfico e um mapa dinâmicos, que o elaborador tenha liberdade de permutar as colunas, as linhas etc. em um gráfico e buscar a imagem que comunique a informação, o problema ou a solução. A coleta e organização dos dados para elaboração do gráfico ou mapa precisam mostrar uma imagem que seja monossêmica[2], sintética e instantânea.

[2] Monossêmica: permite apenas uma leitura sem ambiguidades.

A criança observa o espaço de sua vida, que é uma realidade concreta, e age sobre ele vivenciando as etapas do mapeador: seleção, classificação e codificação dos elementos que percebe nesse espaço. O que resulta dessa codificação é um mapa.

O mapa assim elaborado pela criança torna-se um objeto conhecido e um novo desafio se instala para lê-lo. As etapas da leitura podem ser generalizadas, como percepção, decodificação, visualização e interpretação. Volta-se ao espaço concreto para confrontação entre a representação e a realidade. Com a sistematização no processo de mapear, os elementos da realidade são ressignificados, e podemos afirmar que, nesse processo de mapear e ler o espaço de sua vivência, a criança desenvolveu as ferramentas da inteligência, como selecionar, classificar e relacionar realidade e significante.

O mundo real mapeado passou da percepção da forma para o entendimento de sua estrutura: o conhecimento sistematizado do espaço permite à criança entendê-lo em suas estruturas, como o fato de que existem diferenças nas formas de ocupação. Por exemplo: residencial, comercial e de serviços.

O conhecimento torna-se significativo para o sujeito quando há em sua mente uma articulação [conteúdo – forma]. Weimer (apud Petchenik, 1995) afirma que a construção do conhecimento deve ter como referência o conhecimento que tenha significado para a criança:

> *A convicção dos teóricos da construção cognitiva... é que não há nenhum significado ou conhecimento na linguagem* per se. *Dito de outra forma, a afirmação é que a linguagem não carrega significados em frases, mas antes desencadeia ou lança significado (isto é, ocasiona o entendimento) que já está na cabeça.*

Para ler os mapas murais, dos atlas e também dos livros didáticos, o leitor precisa estar alfabetizado. A leitura e interpretação das informações contidas nos mapas associando os elementos em sua espacialidade exigem o conhecimento tanto do conteúdo como da forma, ou seja, os símbolos do mapa devem transmitir o significado espacial. As barras, as linhas e os setores do gráfico devem transmitir a relação que existe entre os componentes e responder às seguintes perguntas: "O quê?" "Qual a relação?" "A relação entre os componentes é de diferença, ordem ou quantidade proporcional?" O mapa precisa formar uma imagem que mostre a resposta à pergunta: "Onde?"

A proposta da Alfabetização Cartográfica, como uma Cartografia Metodológica e Cognitiva, transita entre a Cartografia Básica e a Temática. É o aluno que como sujeito utiliza o conhecimento que tem em seu arquivo mental sobre o espaço e melhora-o por meio da sistematização, construindo um novo conhecimento: o espaço representado. O desvendamento do objeto de investigação será auxiliado na coordenação entre sujeito e objeto, utilizando a linguagem cartográfica como meio. É preocupante que tanto nas licenciaturas de Geografia como nos cursos de Pedagogia a Cartografia Metodológica esteja ausente.

Diferentemente do mapa mural colocado na parede da sala de aula, o mapa elaborado pelos alunos tem significado para eles. As representações do espaço da casa, da sala de aula, do bairro e do caminho casa-escola são importantes porque partem do significado para sua codificação. Nesse caminho, os alunos precisam coordenar pontos de vista, reduzir proporcionalmente as medidas do espaço real numa dimensão a ser representada e inventar símbolos que falem. Muitas vezes, eles se surpreendem com o "desenho" construído: "Isso é um mapa?!"

De fato, não são mapas na concepção da Cartografia Matemática: a escala é intuitiva, havendo confusão nas perspectivas, e os símbolos icônicos são muito particulares. Mas são mapas na concepção da Cartografia Metodológica, porque é a representação de um espaço, contém informações espacializadas e, mesmo que não seja matemática, existe uma proporção intuitiva entre os objetos. A passagem desses "mapas-desenhos" para um mapa cartograficamente sistematizado é o caminho metodológico da Alfabetização Cartográfica.

Defendemos neste livro a Alfabetização Cartográfica como uma metodologia que se situa na interface entre a Cartografia, a Geografia e a Didática. O aluno mapeador passa de codificador a decodificador e, em suas ações, constrói e ressignifica suas habilidades e noções. As vivências das funções de cartógrafo abrem possibilidades para a aprendizagem de conceitos e noções para entender o que são os objetos presentes no espaço, provocando o desenvolvimento das habilidades e o conhecimento em potencial de ler e entender o mundo.

O aluno conhece o espaço concreto onde mora, estuda e circula para viver sua rotina diária. O conhecimento que ele tem desse espaço é empírico, o espaço sensório-motor, perceptivo e intuitivo. Para ele entender a Geografia do espaço de sua vida, deve tomá-lo como um objeto de estudo, desvendá-lo e sistematizá-lo. A elaboração de mapas e gráficos proporciona a vivência da sistematização e o aluno avança nos níveis de compreensão da Geografia do espaço que conhece, elaborando uma segunda leitura. O sujeito que passa por essa aprendizagem significativa desenvolve as estruturas lógico-matemáticas por meio da leitura das relações e a função simbólica pela necessidade de relacionar o espaço que observa aos códigos, articulando significado e significante.

A metodologia aqui proposta articula de forma paralela o esquema de construção do conhecimento mencionado por Macedo (s/d), na perspectiva do sujeito, e o desenvolvimento dos níveis de leitura de mapas de Bertin (1986), na perspectiva do objeto. O objeto do conhecimento é o que ele é, sendo necessário que o sujeito o desvende utilizando as ferramentas de sua inteligência para que o significado "apareça". Uma leitura comparativa da proposta de Macedo (s/d) e Bertin (1986) mostra uma aproximação delas na medida em que os dois autores analisam os caminhos pelos quais o sujeito desvenda o objeto, utilizando as ferramentas de sua inteligência, e desenvolve habilidades para que o objeto (mapa e gráfico) seja lido. O sujeito aprende e desenvolve-se tanto na construção da lógica para sistematizar os elementos coletados quanto na melhora do conhecimento sobre o espaço.

É uma aprendizagem do conteúdo e de sua forma indissociáveis. O sujeito vive essa indissociabilidade de forma experienciada e toma consciência do espaço presente no mapa e dos elementos mapeados presentes no espaço: é uma aprendizagem significativa que torna possível o desenvolvimento da função simbólica assim como as conexões lógicas das ferramentas da inteligência. Quanto mais ativas as ferramentas da inteligência, mais o objeto fica conhecido e melhor desenvolve a inteligência, permitindo que haja avanços nos níveis desse desvendamento. A leitura inicial, considerada de nível elementar, é de pontos isolados. Em um nível intermediário, o sujeito pode perceber agrupamentos e, em um nível avançado, elabora a síntese, passando a ter uma visão de conjunto.

1.2 – *Reflexões sobre vivências*

Como alerta Ferreiro (1992) no processo de alfabetização, parte-se do significado para se criar significantes. Portanto, é preciso haver um trabalho paralelo com a significação dos conceitos que serão representados. Um aluno de 5ª série de uma escola do Estado de São Paulo observou um mapa de densidade demográfica do Brasil, apontou a Região Norte, onde a densidade demográfica em 1970 era menos de um habitante por quilômetro quadrado, e perguntou: "Lá é tudo anãozinho, professora?" Presume-se que conceitos complexos que envolvem "relações" precisam ser trabalhados com cuidado para que o significante não se relacione a conceitos não compreendidos, pois os alunos estarão representando apenas cores ou figuras vazias, sem significados.

Passini (1996) entrevistou professores dos anos iniciais do Ensino Fundamental sobre a forma como trabalhavam os gráficos presentes nas páginas dos livros didáticos. Esses professores afirmaram não trabalhar a leitura dos gráficos, passando por cima ou lendo apenas o título.

A pesquisa realizada com os alunos (Passini, 1996) também mostrou uma realidade preocupante. Alguns deles leram a forma do gráfico, sem analisar o conteúdo; outros apenas fizeram comentários vagos: "É bonito", "é colorido", "vejo quadradinhos", "vejo números." Poucos foram os alunos que perceberam que os gráficos contêm informação quantitativa: "Para medir."

O aluno não alfabetizado para a leitura da linguagem cartográfica não possui habilidades suficientes para "entrar" em mapas de escala pequena, como os que representam o Brasil ou o mundo com símbolos abstratos, e entender o conteúdo neles representado.

A Alfabetização Cartográfica como metodologia para essa linguagem de códigos precisa ser estudada para os professores dos anos iniciais do Ensino Fundamental auxiliarem seus alunos a "entrar" no mapa e no gráfico, saber extrair informações e entender sua Geografia.

O espaço geográfico é o que é em sua concretude. As coisas são o que são e estão onde estão. Defini-las ou classificá-las é ação do pensamento e possui uma dinâmica, pois os critérios podem variar para o agrupamento das semelhanças e das diferenças, assim como as classificações e as ordenações. A classificação é uma abstração que se vivenciada pelo aluno com elementos presentes no espaço conhecido leva à aprendizagem e o pensamento lógico-matemático se desenvolve.

Como citamos na página anterior, para os alunos dos anos iniciais do Ensino Fundamental, os mapas eram desenhos, eles se encantavam com os mapas e gráficos ao folhearem as páginas de um atlas ou do livro didático, mas comparavam apenas as diferentes formas de mapas e gráficos sem entrar no conteúdo. Eles não acessaram as informações contidas naquele papel "colorido e bonito".

As representações a seguir mostram os avanços de dois níveis de mapeamento de um aluno do 4º ano de uma escola municipal de Maringá (Passini, 2006). O trabalho da professora consistiu em percorrer o quarteirão da escola com os alunos, pedindo que observassem e anotassem os elementos da paisagem que viam para depois os desenhar. Na sala de aula, num trabalho coletivo, ela colocou na lousa um inventário de tudo o que eles foram relatando sobre o espaço observado no trabalho de campo. Em seguida, solicitou que eles atribuíssem um desenho para representar cada elemento da paisagem observada. O resultado foi surpreendente na medida em que os alunos foram muito minuciosos em suas observações e nas representações (desenho A). Após essa primeira fase dos

Mapa A = nível elementar

Mapa B = nível avançado, de síntese

Mapas de Jonatan, 9 anos, enviados pela professora Lucília.

desenhos, a professora pediu que os alunos agrupassem as "coisas" semelhantes, casa com casa, loja com loja, por exemplo. O desenho B é uma síntese construída pelo aluno Jonatan. Dessa forma, podemos afirmar que Jonatan passou do nível elementar, de representação pontual de cada elemento, para o nível avançado de síntese, na sua elaboração do mapa.

Em 1986, realizamos um trabalho de campo com crianças do 3º ano do Ensino Fundamental de uma escola pública e de outra privada. A proposta foi "ver, observar e tocar para sentir" diretamente o ambiente e vivenciar a articulação entre a paisagem à nossa frente e a sua representação. Foram realizados estudos do meio em diferentes etapas, do quarteirão da escola aos municípios vizinhos (Passini, 2001).

A primeira saída teve o seguinte desafio: "Vamos ver o que nosso quarteirão tem?" Traçamos como metas: observar ruas, diferenças entre casas residenciais, comerciais e prestadoras de serviços; articular a rua concreta por onde caminhamos e a rua representada no croqui do quarteirão; entender a lógica da elaboração da legenda; observar a forma do relevo onde a escola se situa e analisar sua ocupação. O croqui foi elaborado previamente para que as crianças tivessem um referencial para acompanhar os passos e identificar os objetos a serem observados no percurso.

Ao sair dos muros da escola, a primeira parada foi na esquina dela para os alunos se localizarem no "mapa". Foi uma ação simples, no entanto eles ficaram surpresos quando associaram as ruas desenhadas no croqui com a placa da rua por onde caminhavam:

– "Olha, olha! A rua! A rua está aqui!"

Nesse momento, para aquelas crianças, realidade e representação se uniram e elas entraram no mapa e extraíram a informação: o nome das ruas. Foi um momento muito significativo desse trabalho: as crianças entraram no mapa!

Em outro momento, ainda percorrendo as ruas do quarteirão da escola, foi explicado:

– "Vocês caminham na rua e o lápis vai pelo papel, no desenho das ruas."

Uma outra criança mostrou também que estava fazendo a ligação entre o espaço concreto e a representação que levava nas mãos:

– "Onde estão os carros? Você não desenhou os carros", criticou.

Um terceiro episódio comprovou que crianças conseguem ler as representações e ressignificar o espaço, quando, ao mostrarmos a ladeira que descia à nossa frente, pedimos que nos dissessem aonde chegaríamos se continuássemos descendo a rua.

A resposta esperada era que chegaríamos ao vale à nossa frente, onde um rio fora canalizado, e hoje temos uma avenida. No entanto, a resposta foi incrível:

– "A gente cai do mapa."

Essa resposta inesperada mostrou-nos que essa criança estava totalmente imersa como sujeito do espaço representado.

Dessa forma, a Alfabetização Cartográfica é uma proposta metodológica de construção de significados para as "figuras coloridas". Pelas ações de mapear, o leitor elabora o próprio "desenho colorido e bonito", transitando do espaço significado para o espaço codificado. O avanço nos níveis de leitura são conquistas do mapeador para se tornar um leitor eficiente de mapas.

Nas aulas de Geografia do Ensino Fundamental, como professora de Geografia dos anos finais[3], algumas manifestações dos alunos mostraram a necessidade de buscar uma metodologia que possibilitasse a formação de um leitor eficiente de mapas e gráficos: entrar no mapa e no gráfico para extrair informações.

[3] Professora efetiva de Geografia da rede estadual de São Paulo (1970-1996).

Naquela sala, muitos alunos não consultavam a legenda e diziam que no Amazonas o verde significa que "lá é tudo floresta", sem a leitura do título do mapa que indicava que o conteúdo era divisão política. Questionamos se esses alunos ainda estavam na fase do realismo intelectual? Pois a informação de que há florestas no Amazonas é do senso comum. Qual Amazonas: Estado, rio ou região? Essa informação do senso comum estava assimilada. Portanto, percebemos que a leitura não foi do mapa, mas de uma informação isolada e memorizada, certamente sem significado. Como alfabetizar essa mente que tem esses arquivos memorizados sem referência da espacialização correta, dos conceitos significados, sem a articulação entre significante e significado? Foram essas preocupações que provocaram todo o percurso da pesquisa que culminou na formulação da metodologia de Alfabetização Cartográfica, fundamentada em Oliveira (1978), Martinelli (1999, 1991), Simielli (1998), Macedo (s/d), Gimeno (1980), entre outros.

É preciso enfatizar que na atualidade os alunos utilizam ferramentas digitais, como pesquisas na internet com os dados disponibilizados pelo IBGE – Instituto Brasileiro de Geografia e Estatística (www.ibge.gov.br), o Google Maps, o Street View, Photoshop, entre outros. Essas ferramentas possibilitam ter a articulação mundo-rua-mundo em um toque. O Street View permite visitar uma rua e perceber as construções em diferentes perspectivas. Hoje, parece tudo visível, mapeado e de acesso disponível! No entanto, para que o acesso a informações em *sites* e a elaboração de mapas e gráficos não se tornem meramente mecanicistas, precisamos refletir acerca da metodologia de Alfabetização Cartográfica.

De forma didática, Nogueira (2009) sugere um trabalho alfabetizador, com mapas do Google Maps e do *Atlas de desenvolvimento humano* do PNUD – Programa das Nações Unidas para o Desenvolvimento. São trabalhos para fases mais avançadas, mas apostamos que, enquanto esses recursos são novos para nós, as crianças que já navegam na internet com facilidade estão familiarizadas com essas e também outras ferramentas mais recentes e de ponta. Vale a pena desafiá-las a elaborar mapas e gráficos digitalizados que tenham mobilidade!

Moscardis *et al.* (2011) realizaram um teste preliminar com uma criança de 11 anos para verificar a possibilidade de utilizar o mapa mental de um espaço conhecido produzido por ela e a planta do mesmo espaço extraído do Google Earth, de forma complementar. A criança reconheceu o espaço por ela mapeado no Google Earth e, ao utilizar a ferramenta Paint, do Spring, conseguiu elaborar um mapa com base nas observações do espaço que visitou e na imagem do Google Earth. Tais autores (Moscardis *et al.*, 2011) analisaram as ações da criança e entenderam que as ferramentas não ocasionavam dificuldade para ela elaborar o mapa, tendo-se sentido muito à vontade durante o trabalho tanto para realizar o mapa mental como para utilizar as ferramentas digitais. Manteve-se a proposta de o aluno ser mapeador de um espaço conhecido e o desequilíbrio causado com a introdução das ferramentas digitais provocou o desafio para a criança explorar tanto o espaço como as ferramentas do Spring[4]. Esse é certamente ainda um caminho a ser construído e analisado para ser sistematizado de forma a termos os passos a serem seguidos e a inclusão de outras ferramentas que proporcionem motivação às crianças, por ser um meio digital que elas utilizam em seus jogos e brincadeiras. Tanto o espaço como as ferramentas faziam parte do cotidiano da criança e certamente a aprendizagem de passar da observação do espaço real para a representação utilizando o referido *software* provocou o desenvolvimento da função simbólica em um outro nível, o nível do pensamento digital.

[4] O Spring é um SIG – Sistema de Informação Georreferenciado – desenvolvido pelo INPE – Instituto Nacional de Pesquisas Espaciais – de *download* gratuito e de manuseio fácil para se trabalhar mapas digitalmente.

Capítulo 2
Alfabetização Cartográfica
e o desenvolvimento da autonomia

> *Concordamos plenamente com a existência e prática de um processo metodológico de Alfabetização Cartográfica, bem como confirmamos sua perfeita articulação com uma educação cartográfica no contexto de uma educação participativa na formação da cidadania* (Martinelli, 1999, p. 134-135).

A habilidade de ler um mapa e um gráfico, decodificar os símbolos e a competência para extrair as informações neles contidas são imprescindíveis para a conquista da autonomia. A capacidade de visualizar a organização espacial é um conhecimento significativo para a participação responsável e consciente na resolução de problemas do sujeito pensante. Aquele que observa o espaço, representa-o e tem capacidade para ler as representações em diferentes escalas geográficas será um sujeito cognoscitivo, que dará contribuições significativas na tomada de decisões.

O mapa e o gráfico têm conteúdos que estão representados obedecendo a um sistema de signos: coordenadas, escala, projeção, símbolos, legenda e orientação. É uma representação complexa que necessita ser decodificada, ou seja, dar significado aos significantes. Martinelli (1991) adverte que a elaboração de mapas e gráficos não é um mero exercício de codificação, seguindo uma convenção, mas um trabalho com a correta exploração das regras da gramática gráfica[5], a sintaxe da linguagem cartográfica.

[5] Gramática gráfica é a sistematização das variáveis visuais (símbolos) considerando as suas propriedades perceptivas e a relação entre os objetos a serem representados.

É preciso incluir as potencialidades que emergem dos meios digitais que tornam o mapa e o gráfico cada vez mais dinâmicos, interativos e acessíveis. Essas possibilidades enriquecem as informações implantadas, a gama quase infinita das variáveis visuais, amplas conectividades entre espaços, tornando tênue a diferenciação entre a abordagem local e a global. Os mapas e os gráficos tornam-se, assim, ferramentas indispensáveis à prática de uma educação para a autonomia.

Tomamos emprestadas de Silva (apud Murrie *et al.*, 1995) as reflexões sobre a leitura como conteúdo, embora ele trate da leitura da escrita. A transposição para a Alfabetização Cartográfica é possível, pois o próprio autor refere-se a qualquer tipo de linguagem, incluindo a <u>não verbal</u>[6]:

[6] Grifo nosso.

> *É, pois, principalmente no âmbito da escola que as expressões "aprender a ler" e "ler para aprender" ganham seu significado primeiro, apontando inclusive os efeitos que devem ser conseguidos pelo trabalho*

> *pedagógico na área de formação e preparo dos leitores. Eu até iria mais longe, afirmando que um dos objetivos básicos da escola é o de formar o leitor crítico da cultura – cultura esta encarnada em qualquer tipo de linguagem, verbal e/ou não verbal*[7]" (Silva, 1983 apud Murrie *et al.*, 1995, p. 41).

[7] Idem.

Sentimo-nos à vontade com essa referência à leitura da linguagem escrita no nosso contexto, em primeiro lugar, porque o próprio autor coloca que a formação do leitor crítico deve ser entendida e estendida a qualquer tipo de linguagem, verbal e/ou não verbal[8], e, em segundo lugar, porque os estudos de Freinet (1977) apontam que o desenvolvimento das linguagens oral, escrita e gráfica ocorre de forma paralela. Assim, o balbuciar e os primeiros rabiscos podem ser considerados etapas do desenvolvimento das linguagens oral, escrita e gráfica.

[8] Idem.

Murrie *et al.* (1995) ainda complementam que é necessário um bom trabalho de leitura em sala de aula, pois desenvolve no aluno:

> *(...) o prazer de ler (dimensão afetiva); o saber interpretar (dimensão cognitiva); o saber produzir (dimensão pragmática).*

À escola cabe o dever de objetivar o desenvolvimento de tais potencialidades, como forma de emancipar e ao mesmo tempo integrar o aluno no espaço sociocultural.

Dessa forma, podemos considerar como dever da escola proporcionar as aprendizagens das noções espaciais ao desenvolvimento das potencialidades de ler o espaço e sua representação como meios de desenvolver a autonomia. O aluno integra-se no espaço sociocultural ao fazer leituras do espaço onde mora, circula, estuda e brinca. O conhecimento construído de forma espontânea, com sua vivência, avança por meio de trabalhos de sistematização que a elaboração de mapas e gráficos exige.

Oliveira (1988) alertou-nos de que há um levantamento minucioso e preciso sobre as riquezas do solo e subsolo da região amazônica por meio de sensoriamento remoto. Os países com domínio de tecnologias e capital investigam e armazenam dados de territórios ultrapassando fronteiras políticas e inventando meios quase similares aos de ficção científica. Ele alerta sobre a funesta consequência do desconhecimento dos brasileiros sobre o que realmente existe em seu próprio território, desconhecimento esse que pode ocorrer por não dominarem os meios para visualizar a realidade. Esse desconhecimento possibilitou uma forma de organização daquele espaço de maneira que o direito de propriedade dos estrangeiros sobre as terras e resoluções sobre a construção de estradas e extrações minerais se encaixem como um extraordinário quebra-cabeça para a evasão das riquezas minerais existentes em nosso território.

Lacoste (1988) enfatiza também as consequências do desconhecimento do espaço e de sua representação que abre possibilidades para a dominação. A autonomia só se conquista por meio do conhecimento. O exemplo mais significativo certamente é o da Guerra do Vietnã, em que se comprovou que quem conhece o espaço em suas interdependências globais consegue exercer o domínio. No Vietnã do Norte, o rompimento dos diques que causou a inundação de caudalosos rios, provocando a morte de milhares de homens nas planícies, provou a superioridade dos conhecimentos estratégicos e tecnológicos dos americanos em detrimento dos norte-vietnamitas. O autor enfatiza a necessidade de domínio espacial para pensar o espaço e as estratégias para nele agir:

> *Os geógrafos devem ajudar o conjunto dos cidadãos a saber pensar o espaço. Será preciso que esse saber pensar o espaço como o saber ler cartas se difunda largamente, em razão das exigências da prática social, pois que os fenômenos relacionais (a curta e a longa distância) ocupam um lugar cada vez maior* (Lacoste, 1988).

Capítulo 3
Aprendizagem de Geografia por meio da **Alfabetização Cartográfica**

"Vai-se à escola para aprender a ler, a escrever e a contar. Por que não para aprender a ler uma carta?" (Lacoste, 1988).

Na atualidade, os alunos precisam utilizar diferentes linguagens para acessar informações, construir uma base de dados, analisá-los e utilizá-los em suas investigações. Como um analfabeto pode realizar essa tarefa? Como preparar o sujeito para ter domínio espacial e habilidade para representar o espaço e ler mapas e gráficos eficientemente? Como formar o sujeito que circula, consome, estuda e trabalha com claras noções de Geografia e Cartografia? Como desenvolver inteligências espacial e estratégica?

A Alfabetização Cartográfica tem como proposta metodológica fundamental a formação do sujeito: de produtor de mapas e gráficos a leitor eficiente dessas representações. Essa vivência possibilita ao aluno ressignificar o espaço de sua vivência, avançando do conhecimento espontâneo ao conhecimento sistematizado.

Caminhar pela escola ou pelo quarteirão da escola é um primeiro passo para "reler o espaço". É uma segunda leitura que o aluno fará de seu espaço conhecido e percorrido cotidianamente. A lição de Cartografia inicia-se com o caminhar e observar os elementos existentes naquele espaço "selecionado": casas, padaria, sapataria, cabeleireiro, fábrica de roupas, escritório de contabilidade, consultório dentário. A classificação desses elementos é uma operação que exige raciocínio lógico-matemático, porque a classificação é uma ação da mente, diferentemente da identificação de cada elemento. A diferença entre os elementos é percebida numa leitura particular: cada criança poderá apontar diferentes categorias utilizando critérios próprios:

Critério	Categorias ou classes	
De uso	Para morar	Para trabalhar
De dimensão	Casas pequenas	Casas grandes
De tempo cronológico	Casas novas	Casas velhas
De beleza	Casas feias	Casas bonitas

Podemos aceitar diferentes classificações e instigar os alunos a pensar sobre as casas ou lugares com que trabalhar: são todos do mesmo tipo de trabalho?

– Produz comida.

– Não produz comida.

Os alunos podem sugerir a separação de prédios que não são de vender comida:

– Faz coisas.

– Só vende coisas.

– Não vende e conserta coisas.

Dessa forma, introduzimos os diferentes usos do solo: moradia, comércio, indústria, prestação de serviços, entre outros.

A codificação será significativa se a criança construir seus próprios símbolos, trabalhando do significado para o código. O significado é preexistente. As coisas estão onde estão e são o que são, independentemente dos nomes ou classes que vamos lhes atribuir. Por isso, o aluno precisa transitar do significado para o código, que ele próprio cria.

Tomando como referência a legenda elaborada pela criança, o professor pode discutir como essa informação (de uso do solo, por exemplo) pode ser comunicada?

Como representar a relação de diferença entre moradia, indústria, comércio e prestadora de serviços?

É melhor que a criança faça escolhas tendo a palheta de cores, tramas e figuras para decidir qual variável permite ver melhor a diferença. É importante que ela entenda que a legenda deve ser construída com lógica e deve transmitir a informação. A escolha da variável visual adequada possibilita leitura imediata, com economia de tempo e sem ambiguidades. Uma legenda que exige que a consultemos muitas vezes é uma legenda sem lógica.

➘ Neste quarteirão mapeado, qual variável permite "ver" melhor a diferença entre morar, comprar/vender e produzir (os tipos de uso) para ficar bem separado e visível?

As diferentes soluções escolhidas pelos alunos devem ser expostas para discutirmos a melhor imagem que permita ver como é a organização do quarteirão.

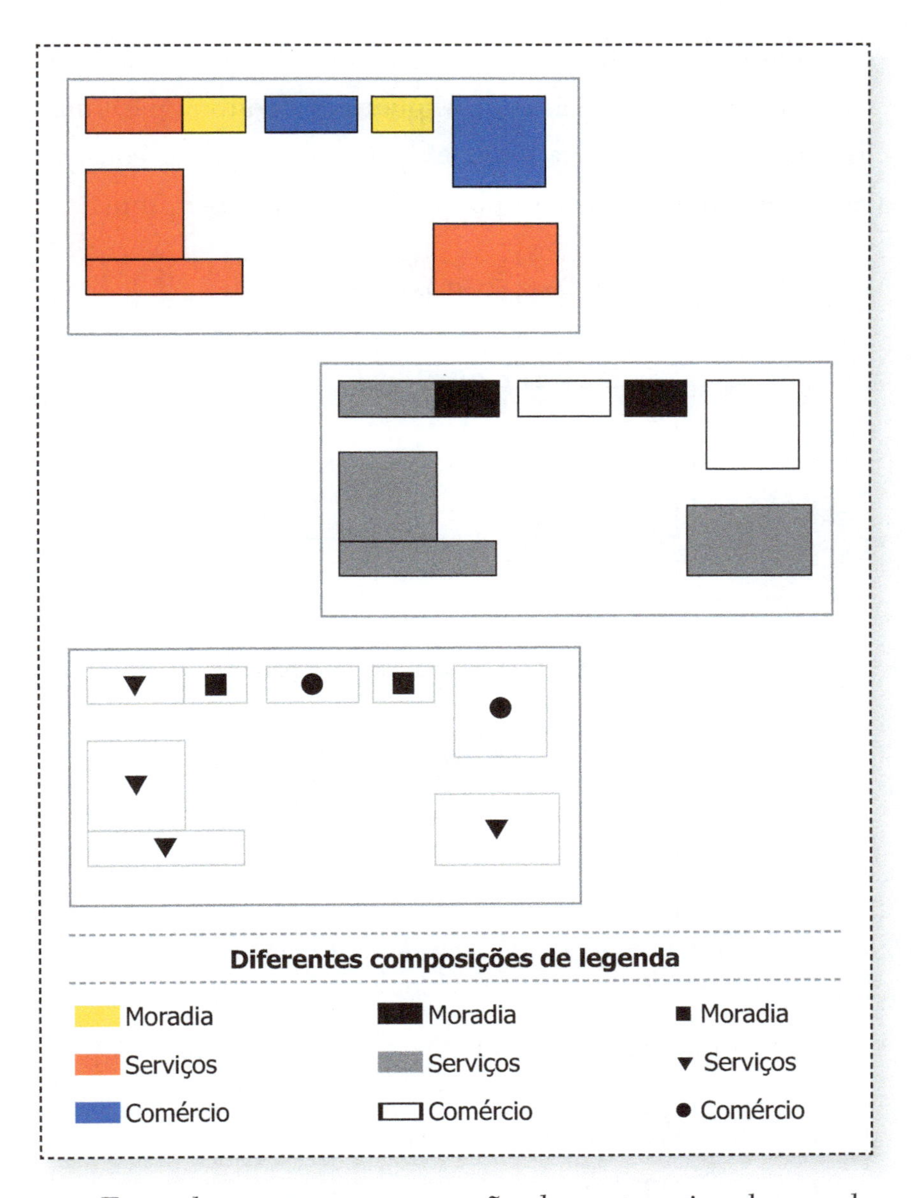

Entender que a representação das categorias de uso de solo requer uma variável que mostre a diferença pode ser significativo para os alunos que percorreram o quarteirão e fizeram essas anotações nos seus desenhos.

Para que o aluno consiga transitar da leitura de nível elementar (padaria, casa) de implantação pontual para uma leitura de nível intermediário, ele precisa agrupar as construções por semelhanças e responder às seguintes perguntas:

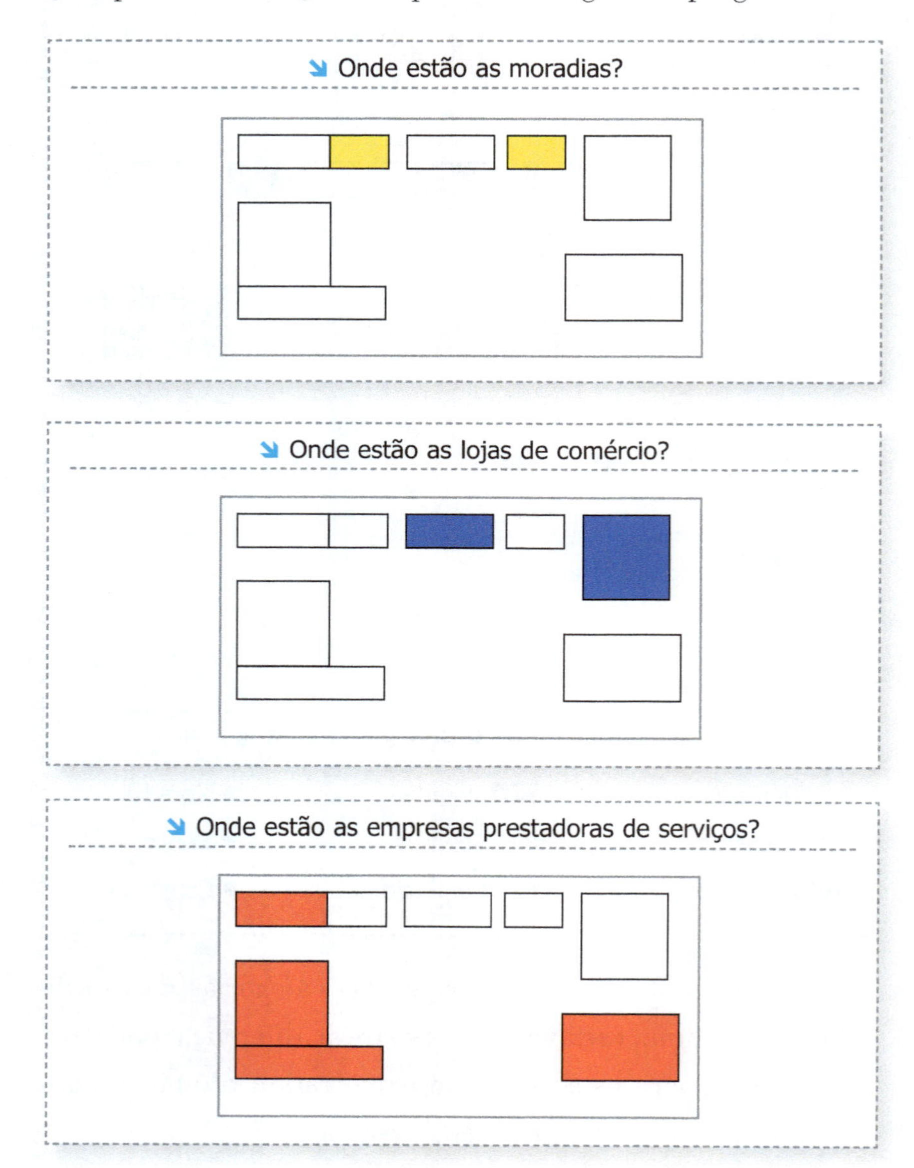

O que há mais no quarteirão? Moradia, lojas de comércio ou prestadoras de serviços?

No quarteirão visitado, predominam lojas prestadoras de serviços. Essa constatação, uma leitura de nível intermediário, auxilia o aluno a perceber grupos, pois ele mesmo criou as categorias.

Na leitura de nível intermediário, o aluno percebe o que predomina no quarteirão e como o classificar para uma generalização, considerando a cidade.

A necessidade de generalização deve responder às seguintes perguntas: "Como podemos agrupar os diferentes usos para que o quarteirão fique marcado com o que mais há de representativo nele?" "O que predomina no quarteirão?"

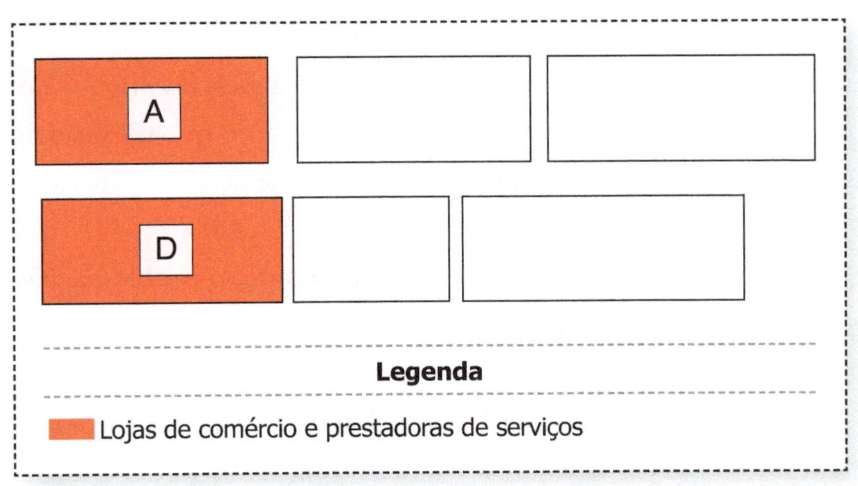

A inclusão de lojas de comércio e prestadoras de serviços em uma única categoria é uma generalização e também uma solução de síntese.

A atividade descrita auxilia a desenvolver habilidades de observação do espaço, levantamento de elementos presentes, classificação, codificação, generalização e geração do mapa.

As leituras de níveis elementar e intermediário possibilitaram aos alunos perceber a necessidade de generalizar: cada quarteirão tem um uso que predomina sobre os demais e, dependendo da escala, as categorias menos representativas acabam sendo incluídas em classes predominantes.

O avanço nos níveis de leitura é o objetivo da Alfabetização Cartográfica, porque inicia a leitura do espaço com elementos pontuais para avançar para a percepção de conjunto das relações presentes no espaço. Assemelha-se ao caminho percorrido com um texto escrito, da palavra para a formulação de uma frase e elaboração de um texto que formule um conjunto de frases associadas com sentido.

A inclusão da localidade estudada em espaços mais amplos ocorre pela própria leitura das ações do sujeito em sua circulação, mais significativas para ele do que o exercício de bairro – município – Estado – país em espaços concêntricos, muitas vezes abstratos para ele.

Lévy (1993) afirma que, na atualidade, o problema não é o acesso à informação, pois esta está fartamente disponível em diferentes meios e lugares. O problema, hoje, é a seleção da informação, para que haja racionalidade do tempo, para que não se desperdice tempo com informações além da essência. As linguagens gráficas são fundamentais para a seleção e utilização da informação, porque permitem ver a essência da informação, num instante de percepção, por ser sintética e monossêmica. Na atualidade, considerando a necessidade da velocidade na comunicação e recepção das informações, a linguagem dos mapas e dos gráficos tornou-se obrigatória para que a seleção das informações seja eficiente e auxilie os cidadãos de fato na tomada de decisões inteligentes.

A escola precisa ser o lugar que desenvolva habilidades para buscar informações, selecionar dados para compor o próprio banco de dados, organizá-los e tratá-los de forma a conseguir acessar a essência do conteúdo com economia de tempo e sem ambiguidades.

A informática é uma ferramenta que facilita ao aluno mapeador coletar dados, organizá-los e tratá-los, desde que já tenha vivenciado essas operações cognitivamente. As ferramentas do computador que trabalham com mapas tornaram as tarefas de mapear, criar e implantar símbolos, reduzir ou ampliar escalas mais simples e rápidas. No entanto, a utilização de ferramentas dos meios digitais na busca e no tratamento de dados não dispensa o domínio do conteúdo e dos conceitos. É preciso ter cuidado para que a utilização da informática não seja mecanicista, sem reflexões, pois corre-se o risco de não provocar avanços.

O espaço é o objeto comum de investigação da Geografia e da Cartografia, uma sendo o conteúdo e a outra, a linguagem, portanto indissociáveis. Essas representações tornam possível que o conhecimento sobre o espaço se aprofunde e amplie-se. É um mutualismo no qual um provoca o melhoramento do outro: a leitura permite ver o objeto e o objeto que permite ser lido melhora a habilidade de ler, avançando de simples identificação dos elementos para análise e interpretação. A integração linguagem-conteúdo melhora o acesso ao conhecimento porque abre canais de comunicação. O sujeito que se integra nesse fluxo de comunicação torna-se sujeito coletivo de uma inteligência coletiva e essa construção é um caminho de melhoramento ao infinito tanto para o sujeito como para o objeto.

Os mapas murais das escolas em escalas geográficas de país e mundo apresentam certo grau de dificuldade de leitura, pois a complexidade dos símbolos, da escala e da projeção não permite que o leitor dos anos iniciais do Ensino Fundamental acesse as informações codificadas, pois ele não foi alfabetizado para a leitura de códigos.

Está na mão dos professores dos anos iniciais do Ensino Fundamental uma tarefa muito importante e urgente: a possibilidade de enriquecer as pesquisas em Alfabetização Cartográfica, observando o aluno que inicia a leitura do espaço, acompanhando a interação que ele tem com os símbolos, interpretando como ele pensa o espaço e representa-o.

Capítulo 4
Responsabilidade social do professor de Geografia

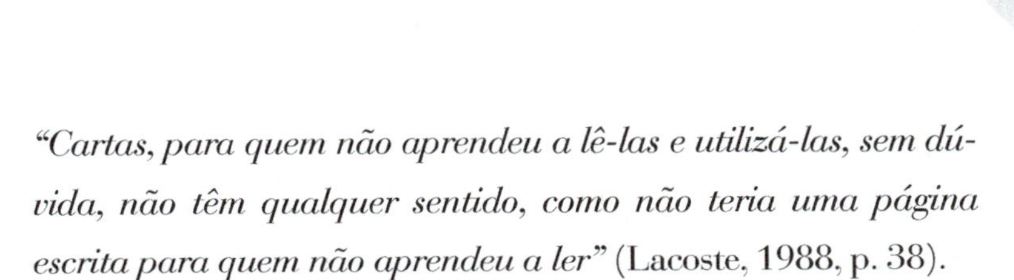

> *"Cartas, para quem não aprendeu a lê-las e utilizá-las, sem dúvida, não têm qualquer sentido, como não teria uma página escrita para quem não aprendeu a ler"* (Lacoste, 1988, p. 38).

É conhecida a enfática afirmação de Lacoste (1988) sobre a existência de duas Geografias: a Geografia dos professores e a Geografia dos Estados Maiores. O autor ainda acrescenta que a Geografia dos professores serve de cortina de fumaça para não se perceber o conteúdo estratégico espacial da Ciência geográfica. Grave afirmação, gravíssima! Essa acusação causa muita preocupação a nós, educadores, e, principalmente, a nós, professores de Geografia. Concordamos com o autor e torna-se urgente que educadores pesquisem metodologias em todos os níveis de ensino que integrem a Geografia, a Cartografia e a Didática em busca da aprendizagem com uma abordagem problematizadora e investigativa, que possibilite o desenvolvimento da inteligência espacial e estratégica.

Permanece atual a dicotomia entre a Geografia dos professores e a Geografia estratégica utilizada tanto pelos "senhores da guerra" como pelas empresas que buscam "ouro negro, ouro verde, ouro terra"? Qual a Geografia ensinada nos cursos de formação de professores dos anos iniciais do Ensino Fundamental?

Refazendo a pergunta: quais os objetivos de ensinar Geografia? Podemos afirmar que o objetivo de ensinar Geografia é a aprendizagem das noções espaciais e a compreensão do espaço geográfico como produto das ações da sociedade e da natureza? Como essas aprendizagens levam ao desenvolvimento do domínio espacial para a formação da autonomia, imprescindível à cidadania?

A Geografia estratégica não pode ser a Geografia espetáculo das exclamações, da lista de montanhas, cidades ou tabela de produtos de exportação ou importação. Deve ser uma Geografia que permita aos alunos serem sujeitos da investigação, da observação do espaço real, de homens reais com suas contradições e análise de fatos reais para entenderem o significado de produção e organização do espaço geográfico. O professor deve criar circunstâncias para que o aluno veja o problema e organize a investigação para tentar solucioná-lo. Deve ser uma Geocartografia que auxilie a formar o cidadão e desenvolva a inteligência espacial.

Como desenvolver a inteligência espacial sem "ler e ver" um mapa? Como desenvolver a inteligência estratégica sem aprender a levantar, organizar e tratar graficamente os dados?

O espaço não deve ser visto como uma célula isolada e autossuficiente, como se o mundo não existisse além desse espaço. A região deve ser pensada segundo as estruturas de mundo porque a organização espacial é dinâmica e evolutiva e a leitura deve permitir a visão global dos acontecimentos, sem estar presa ao somatório de fatos isolados, pois perde-se a perspectiva dos movimentos, das redes e da sociedade global.

Kamii (1985) defende a leitura de mapas como requisito para a formação da autonomia. Oliveira (1988) e Lacoste (1988) são defensores de uma Geografia crítica: o mapa é um instrumento de defesa do espaço dos que nele habitam e se tornará instrumento de dominação se os habitantes do espaço não perceberem as informações estratégicas e não tiverem competência para utilizá-las. Para que a população possa se defender, é preciso que entenda e conheça seu espaço, interpretando as possibilidades estratégicas que os mapas revelam. É preciso estar alfabetizado. "Ser informado é ser livre"[9].

[9] Ricupero em *O Estado de S. Paulo.*

O filósofo francês Michel Foucault (1984), após ter realizado um estudo comparativo de instituições disciplinares, como prisões, orfanatos, internatos, quartéis, conventos, fábricas, escolas, seminários, manicômios e hospitais, revelou sua análise assustadora: essas instituições, que objetivam a docilidade e a obediência, conseguem dominar o ser por meio do:

- controle do espaço;
- controle do tempo;
- controle do corpo.

Temos o dever de estabelecer a autonomia como objetivo de ensinar Geografia. Como educadores, devemos ter como meta a formação da cidadania, como participação consciente e responsável.

A Didática da Geografia é forma, e se não estiver articulada a um conteúdo, não existirá. A Didática vazia de conteúdo é nada. A indissociabilidade do conteúdo e da forma traz a seguinte questão à tona: "Qual Didática e qual Geografia"?

Os textos de Geografia Crítica não formam o ser crítico pela simples leitura e elaboração de resumos. O pensamento próprio e a autonomia intelectual precisam ser vivenciados. É necessário que o trabalho na sala de aula seja problematizador, questionador, que haja mais dúvidas e menos frases prontas para memorização. É preciso que o aluno se debruce sobre o conteúdo lido, investigado, observado no campo e consiga identificar problemas. O trabalho de campo é de suma importância nesse processo, pois coloca o aluno em contato com a realidade que é diferente das frases dos livros didáticos, dos desenhos de cidades: a realidade é contraditória, desordenada, as pessoas moram em áreas de risco e os rios não são azuis. O mapa deve revelar a verdade. O gráfico mostra a relação entre os dados e o problema aparece! Portanto, a formação da cidadania necessita ser pensada de forma a incluir a Alfabetização Cartográfica.

Caso o aluno não desenvolva atitudes investigativas nesses primeiros anos de escolaridade, será um ser reprodutivo e não reflexivo, acreditando que existe apenas uma forma de interpretar os fatos, memorizando as frases do livro didático ou ditadas pelo professor, amputando, dessa forma, a criticidade e a autonomia intelectual.

Como investigador crítico, qual o futuro de um aluno mantido em sua passividade, sem refletir, interpretar, analisar, comparar ou fazer a síntese que ouve, memoriza e reproduz, sem utilizar o próprio pensamento em sua leitura de mundo?

Para que o ser humano se engaje na reconstrução do espaço-sociedade, é preciso que seja antes de mais nada um geógrafo crítico e reflexivo, um leitor competente do espaço e de sua representação. Deve saber acessar as informações, selecioná-las, identificar problemas, investigar suas causas e possíveis soluções, utilizando as ferramentas atualizadas existentes ou inventando-as.

A ficção de hoje deixa de sê-lo em pouco tempo, numa velocidade assustadora. Pela primeira vez na história da humanidade, assistimos ao nascimento de produtos quase obsoletos na esteira de seu lançamento.

Nogueira (2009) aponta alguns caminhos para que os alunos do Ensino Básico possam utilizar ferramentas digitais, como Google Maps ou Google Earth, para elaborar mapas interativos tanto para identificar problemas como para visualizar caminhos para solucioná-los.

É importante que o aluno seja inquieto e como sugeriu Steve Jobs em seus discursos: "Mantenha-se com fome." Fome de adquirir conhecimento, atualizar-se e conhecer os meios digitais disponíveis. Temos de ter fome. Inventar o impossível!

PARTE II
As relações espaciais na criança

Capítulo 5
Construção das relações espaciais pela criança

Kamii (1985) afirma que podemos ter dois objetivos ao educar:

- sucesso na escola;
- autonomia.

Segundo a autora, consegue-se sucesso na escola pela submissão às regras e obediência, obtenção de notas altas, por meio da memorização de respostas corretas e cópias de pensamento pronto. Essas atitudes desenvolvem a heteronomia. A autonomia e o pensamento crítico são alcançados pelo incentivo aos pensamentos próprios, à tomada de decisões, às possibilidades de fazer opções, à criatividade e à busca de alternativas.

Kamii enumera "algumas coisas" que considera úteis, pois situam-se na interface para o desenvolvimento da autonomia e ajudam a tirar notas na escola. São elas:

- habilidade de ler e escrever;
- fazer aritmética;
- **ler mapas, tabelas e gráficos**[10];
- situar eventos históricos.

[10] Grifo nosso.

Considerando a afirmação da autora, é importante frisar que ler mapas, tabelas e gráficos são habilidades aprendidas na escola e servem também para desenvolver a autonomia. Para a metodologia da Alfabetização Cartográfica, no entanto, o aluno é elaborador e leitor de tabelas, gráficos e mapas. Ele vivencia as etapas do cartógrafo, da coleta de dados à sua codificação, elabora o mapa e passa a lê-lo e interpretá–lo.

Macedo (s/d) afirma que a coordenação entre o sujeito da aprendizagem e o objeto a ser aprendido provoca o desvendamento do objeto. O sujeito passa de um conhecimento menor para um conhecimento melhorado em etapas sucessivas. Aprende a observar e coletar informações do espaço, melhorando o conhecimento e desenvolvendo ferramentas da inteligência.

Segundo Piaget e Inhelder (1993), como sujeito da aprendizagem, a criança tem mais sucesso com uma aquisição nova que possa ser desvendada por ela, tendo como referência um conhecimento já assimilado. Nesse sentido, de acordo com a proposta do "aluno mapeador", temos defendido a importância de colocá-lo diante do espaço conhecido, no qual ele se debruça, observa, extrai os objetos, separa-os em categorias, ordena-os e os classifica. Diante dos objetos do espaço que o aluno classificou, ele pode questionar-se: "Qual a relação entre essas classes? De diferença, de ordem, ou de proporção?"

Passini (1996) ousou denominar a metodologia de Alfabetização Cartográfica como estruturante porque a aprendizagem de representar e ler o espaço codificado desenvolve estruturas da inteligência como o pensamento lógico-matemático e a função simbólica, a inteligência espacial e estratégica, habilitando o sujeito a novas conquistas e novas significações.

Após 15 anos, reafirmamos essa ousadia por acreditar que contribui para a equilibração majorante do sujeito, visto que o aluno passa por sucessivas alternâncias de desequilíbrio-equilíbrio-desequilíbrio que melhoram o conhecimento e desenvolvem ferramentas da inteligência. Agindo sobre o espaço conhecido, o aluno ainda está em equilíbrio no espaço que conhece. Ocorre-lhe o desequilíbrio com a necessidade de sistematizar o que conhece. O aluno age sobre o espaço conhecido, coletando informações, agrupando, classificando e, ao chegar a um novo equilíbrio, o espaço que conhecia passa pela segunda leitura e o equilíbrio é restabelecido. Representar essa classificação! Um novo momento de desequilíbrio é vivenciado e, com a codificação, o mapa está pronto! Mostra a sua Geografia! Como negar que as sucessivas desequilibrações e equilibrações provoquem uma melhoria de conhecimento conceitual e procedimental, passando para um conhecimento melhor (sistematizado, científico)?

Conforme Piaget afirmou, a construção progressiva das relações espaciais processa-se em dois planos:

a) no plano perceptivo ou sensório-motor;

b) no plano representativo ou intelectual.

O plano representativo também é diferenciado em dois aspectos:

- representação mental;
- representação gráfica.

Tanto no plano perceptivo como no plano representativo, as primeiras relações espaciais a serem construídas pela criança são as relações topológicas:

- vizinhança;
- proximidade;
- separação;
- envolvimento;
- interioridade/exterioridade.

Apoiadas em esquemas próprios, elas evoluem para as relações projetivas com possibilidade de coordenar pontos de vista e descentrar-se.

A criança tem o significado em sua mente e o professor precisa entrar nesse mundo de significados próprios, particulares, íntimos e criar circunstâncias que favoreçam o desenvolvimento da função simbólica, encorajando-a a elaborar seus próprios mapas com significantes que comuniquem a forma como ela percebe o mundo. O aluno precisa ver o objeto, expressar o significado que está em sua mente por meio de desenhos, cores, linhas etc.

Nessa fase alfabetizadora, a Cartografia não segue a convenção, mas a lógica da relação entre os componentes da informação. Os alunos devem desenhar o mapa como eles veem a relação entre o conteúdo e a forma. A forma é uma invenção para expressar o conteúdo e os alunos precisam sentir-se livres para criar códigos que façam sentido, uma legenda particular de relação entre a representação e o objeto representado. Como propõe Ferreiro (1992), o aluno transita do significado para o significante, ou seja, vê o espaço conhecido e codifica-o.

O espaço sensório-motor constrói-se desde o nascimento, pois a criança percebe o próprio corpo e o espaço que ocupa, mesmo que de forma inconsciente. O berço tem limites, o travesseiro tem limites, e a criança age sobre esses limites, colocando as mãos, os dedos, e constrói imagens na mente.

Assim como o espaço perceptivo é construído seguindo uma ordem que se inicia com as relações topológicas e evolui para as relações projetivas (coordenação de pontos de vista) e euclidianas (relações de medidas métricas, proporcionalidade, coordenadas), o espaço representado também evolui seguindo a mesma sequência no desenvolvimento das estruturas da inteligência.

Freinet (1977) chamou esse período inicial de "realidade fortuita", pois a criança faz traços por imitação ou pelo prazer de deslizar o lápis pelo papel. Ao desenhar, percebe o espaço do papel e pode explicar seu desenho oralmente, fazendo a ligação do significado com o significante que ela constrói. Muitas vezes, a explicação surge no decorrer da narrativa pela semelhança que vai encontrando nos seus traços.

Por outro lado, Luquet (1935) afirmou que a criança estabelece relações com o espaço por meio do desenho. Embora os estudos publicados desse autor sejam de 1935, as análises que ele realizou nos desenhos de crianças trazem importantes contribuições.

Meredieu (1974) afirma que o espaço representado se constrói apoiando-se no espaço perceptivo e sensório-motor. Para ele, há uma defasagem entre o desenho e a visão da criança, não concordando que o desenho seja o resultado de uma simples transferência do espaço percebido para o espaço representado.

> *"No começo a criança não possui nenhuma noção de espaço análoga a nossa. É como se ela nadasse na água à maneira de um peixe. O alto e o baixo, a esquerda e a direita não existem para ela"* (Bernsson, apud Meredieu, 1974, p. 42).

O espaço do desenho é uma conquista progressiva, um processo longo. Quando a criança rabisca, ela não está concebendo o objeto e o espaço. Nem o objeto, nem o espaço estão sendo percebidos em sua totalidade ainda.

No entanto, é com o desenvolvimento da função simbólica que a criança passa a utilizar símbolos, conseguindo evocar o objeto em sua ausência, seja pela imitação, pelo jogo, pela palavra falada ou pelo desenho (Wadsworth, 1984).

O aparecimento da linguagem escrita e da representação gráfica segue o mesmo desenvolvimento, fazendo parte do nascimento do pensamento intuitivo.

As representações do espaço conhecido que a criança produz, utilizando símbolos particulares e comunicando as informações do seu bairro, da sua escola, devem ser registradas para acompanhar seus passos e interpretar os avanços nos níveis de construção e leitura. Devemos entender que esses passos formam a mente investigadora que entende, por meio da observação e coleta de dados, a complexidade do espaço geográfico. A criança se situa como sujeito inquieto do espaço por meio da investigação, identificação de problemas, coleta e interpretação de dados. Quando ela organiza os dados em tabelas e constrói um mapa ou um gráfico, o problema aparece.

A criança que hoje copia e cola textos de diferentes meios continuará copiando e colando decisões, reproduzindo, negando a sua identidade e o exercício de sua cidadania. São os bancos escolares que formam o pesquisador, o cientista inquieto que identifica um problema e busca soluções por meio de estudo e leituras fundamentadas.

Certamente, o problema aparece de forma mais clara em um mapa ou em um gráfico do que em um texto escrito de muitas páginas, pois o mapa mostra a síntese, necessitando de um minuto de atenção para se perceber o problema. Os mapas e gráficos são também ferramentas de extrema importância para acompanhar as investigações e apresentar soluções. Não é possível apresentar um plano de ações que envolva organização ou mudanças no espaço sem um mapa! Ou expor um mapa para leitores não alfabetizados!

Piaget e Inhelder (1993) resgataram a classificação dos desenhos espontâneos da criança, elaborada por Luquet (1935), e conforme essa classificação, existem três fases:

- incapacidade sintética;
- realismo intelectual;
- realismo visual.

Numa fase anterior à da incapacidade sintética, a criança faz traços, sem criar imagens, pelo menos intencionalmente. Os traços ocorrem como resultado de movimentos que a criança faz imitando os adultos pelo prazer em deslizar o lápis no papel, surpreendendo-se muitas vezes com os resultados dos seus movimentos.

As fases descritas a seguir podem nos auxiliar a interpretar os "mapas" das crianças, quando confundem perspectivas ou colocam objetos em dimensões desproporcionais. Não devem ser entendidas como limitações para as atividades antes das idades referenciadas pelos autores.

5.1 – *Incapacidade sintética (3 a 5 anos)*

Nesta fase, a representação é intencional, porém o desenho não se assemelha ao objeto representado. Por exemplo, ao desenhar um corpo, a criança coloca pernas e braços ligados à cabeça, ou a boca acima do nariz, e os cômodos da casa aparecem soltos, sem continuidade no espaço.

Embora Luquet (1935) tenha estabelecido a fase de incapacidade sintética para representação gráfica entre os 3 e 5 anos de idade, é possível que essa fase se prolongue.

O autor chamou atenção para o fato de que primeiro a criança imagina o que vai representar e, em um segundo momento, executa movimentos gráficos para representar. Essas duas tarefas são distintas, por isso ela pode omitir objetos ou parte deles por não serem importantes para si. Por outro lado, nesta fase, a criança pode exagerar a dimensão de determinadas partes do desenho que considera importantes. Por exemplo, o braço do soldado que segura a arma pode ser exageradamente grande. Luquet (1935) afirma também que a criança faz desenhos subjetivos e, portanto, no caso da arma, o braço que a segura é desenhado em dimensão desproporcional pelo encanto pessoal ou pela utilidade que pensa representar.

Nesta fase, já aparecem as relações de vizinhança, que são as mais elementares das relações espaciais. Desde os primeiros rabiscos, a relação de vizinhança intervém. Na fase anterior a esta, os rabiscos são vizinhos uns dos outros e também a relação de separação pode ser percebida.

A relação de ordem ainda não se manifesta nesta fase e as relações de direita-esquerda, frente-atrás e em cima-embaixo podem estar invertidas.

5.2 – *Realismo intelectual (6 a 9 anos)*

Nesta fase, ocorrem a transparência, o exagero de detalhes e a falta de noção de perspectiva. As casas são desenhadas com fachada e mostram também o interior, com as mobílias, assim como as pessoas são desenhadas com o coração ou outros órgãos internos à mostra, os animais são desenhados com vísceras etc. Nesta fase, a criança desenha o que sabe, não o que vê.

As relações espaciais topológicas são respeitadas: vizinhança, separação, proximidade, exterioridade, interioridade etc. As relações de envolvimento e interioridade aparecem por transparência, como no caso da mobília da casa, vísceras de animais etc. A continuidade aparece em oposição à justaposição do estágio anterior.

As relações projetivas e euclidianas começam a se construir, embora mostrando incoerência nas perspectivas e distâncias.

5.3 – *Realismo visual (9 a 10 anos)*

Nesta fase, o cuidado com as perspectivas, proporções, medidas e distâncias aparece.

As relações projetivas determinam e conservam as posições reais das figuras umas em relação às outras, e as relações euclidianas determinam e conservam suas distâncias.

Piaget e Inhelder (1993), Luquet (1935), Freinet (1977) e Meredieu (1974) mostraram que a criança pode desenhar o próprio espaço com falhas, por falta de coordenação motora para o desenho ou por falta de coordenação de pontos de vista. Entre a percepção e a representação gráfica, há o momento da representação imaginada. Nessa passagem, pode haver perda de alguns detalhes e exagero de outros.

É importante compreender essas fases e refletir sobre elas, principalmente para que ao trabalhar o mapeamento com os alunos dos anos iniciais do Ensino Fundamental, o professor respeite os procedimentos e as conquistas, não corrigindo os seus traçados na expectativa de desenhos perfeitos. O professor pode agir de forma a desafiar os alunos para que consigam transpor os limites e avançar para melhorar o conhecimento a ser alcançado, utilizando suas ferramentas da inteligência e atingindo o desenvolvimento próximo.

Portanto, é preciso não tomar as faixas etárias dos estudiosos referidos de forma inflexível, pois o aluno pode aprender com o grupo e desenvolver habilidades potenciais que, sozinho, não teria alcançado.

Como pesquisadores, é importante que os professores criem possibilidades de o aluno agir utilizando as novas ferramentas oferecidas pela tecnologia. Quando o aluno abre um mapa no Google Map e orienta-se nos caminhos projetados, precisa coordenar o ponto de vista, pois o mapa na tela mostra as ruas da cidade, provocando nele a necessidade de relacionar a rua que a tela mostra e a rua na qual ele caminha em seu bairro. O Google Map é uma ferramenta de acesso livre que precisa ser incorporada ao desenvolvimento das habilidades de ler o espaço representado e imaginar a sua horizontalidade.

5.4 – *Coordenação de pontos de vista*

A coordenação de pontos de vista liberta o sujeito do egocentrismo, possibilitando que veja o objeto ou o fato por meio de outras perspectivas. Para a Alfabetização Cartográfica, é fundamental que haja atividades que proporcionem esse avanço, pois a visão de diferentes perspectivas é estruturante para a construção do conceito de projeções cartográficas, assim como para o desenvolvimento do pensamento crítico.

É possível desenvolver a descentração por meio de atividades que possibilitem ao aluno colocar-se na perspectiva do outro em relação aos objetos e fatos. O objeto pode ser uma paisagem, uma maquete, o prédio da própria escola, brinquedos que devem ser observados de diferentes posições para que o aluno perceba as aparentes diferenças de forma, de acordo com o ponto de observação.

Os trabalhos com maquetes, prédios da escola, fotos ou modelos melhoram a coordenação de pontos de vista, auxiliando a criança a libertar-se do egocentrismo espacial, descentrando-se.

O aluno mapeador pode desenvolver a percepção dos espaços projetivo e euclidiano por meio de trabalhos com representações de modelos, como o realizado com crianças por Piaget e Inhelder (1993). Algumas atividades sugeridas na parte IV pretendem auxiliar nesse desenvolvimento.

Para o desenvolvimento das relações espaciais projetivas, esses autores utilizaram uma maquete com três montanhas de alturas e cores diferentes. As crianças foram colocadas em diversas posições e eles observaram a reação delas quanto à coordenação de pontos de vista.

A criança deveria testar sua capacidade perceptiva em relação ao espaço projetivo. Para tanto, o observador colocou um boneco em pontos diferentes para que ela:

- escolhesse o cartão que mostrasse de onde a foto poderia ser tirada para ter a visão daquele ponto;
- escolhesse a posição para o boneco de acordo com a foto.

A escolha de cartões com o desenho das montanhas em diferentes ângulos deveu-se ao cuidado do autor para não haver interferências no diagnóstico, a análise da capacidade de a criança conseguir ver o objeto, as três montanhas, perceber a diferença dos pontos de observação, ou seja, a percepção do ponto de vista do outro, fora do seu, e não a capacidade de desenhar. Ele separou a percepção da representação em seus testes.

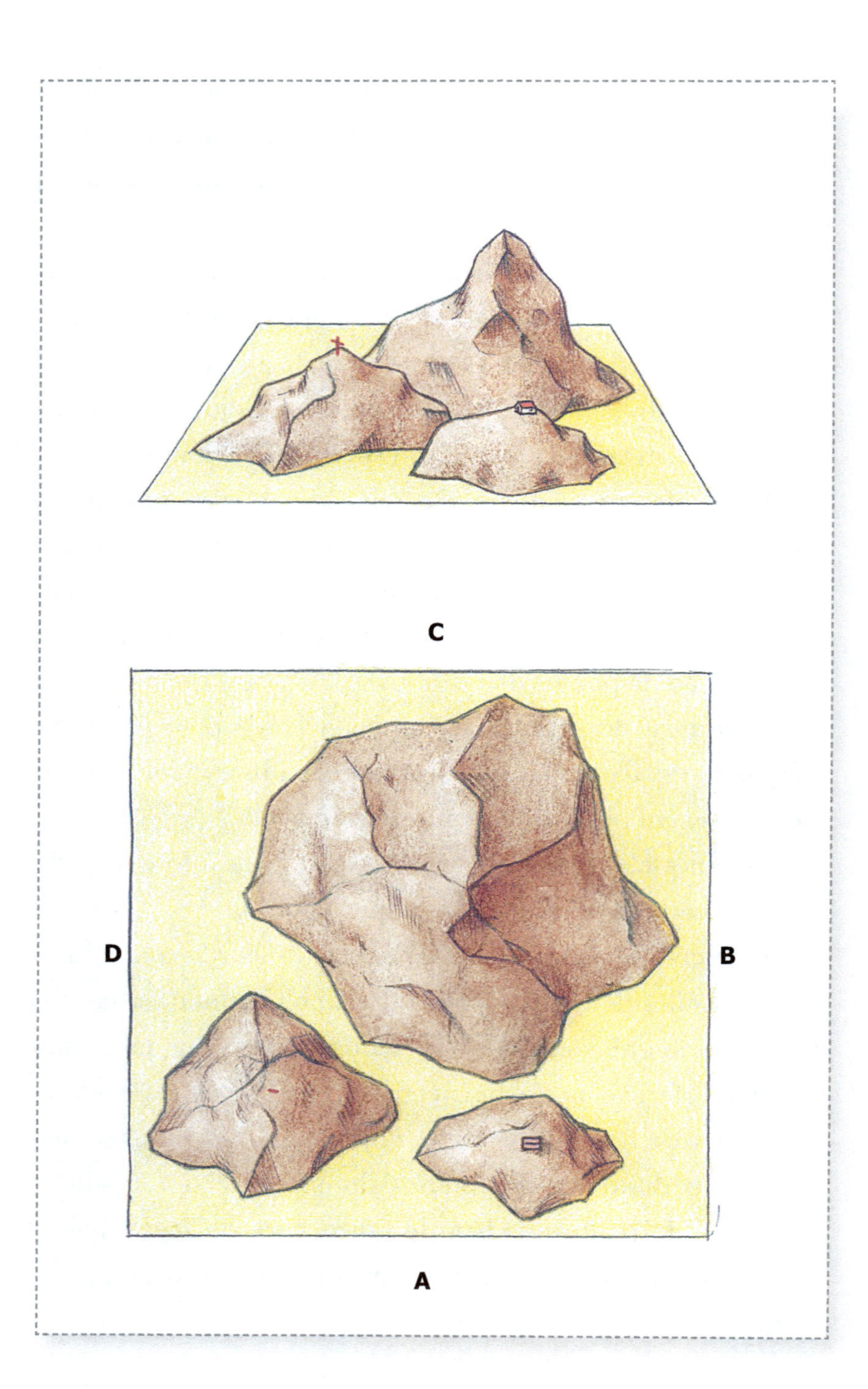
C
D
B
A

Segundo os resultados conseguidos nessa experiência, Piaget e Inhelder concluíram que apenas as crianças de 9 a 10 anos conseguiram escolher a foto correspondente à posição de acordo com o ponto de vista dos bonecos, e não em relação ao ponto de vista próprio, mostrando que estavam libertadas do egocentrismo espacial.

Em outra experiência, os mesmo autores utilizaram um modelo de vila para verificar a habilidade de as crianças usarem um sistema de referências, portanto da relação espacial euclidiana. O modelo consistia em uma reprodução em um retângulo com estrada, casa e árvore. Foram construídos dois modelos exatamente iguais, e o modelo B estava com rotação de 180 graus em relação ao modelo A. O boneco foi colocado em diferentes posições no modelo A e a criança teria de colocar o boneco no mesmo ponto no modelo B.

Constatou-se que apenas as crianças de 7 a 9 anos consideraram o quadro de madeira sobre o qual estavam dispostos os elementos (árvore, casa, estrada), sem se atrapalharem com a rotação de 180 graus.

As reações observadas em cada estágio se encontram no livro *A representação do espaço na criança*, de Piaget e Inhelder (1993).

Das reações descritas na experiência do plano da vila, o que chamou atenção é que apenas aos 11 a 12 anos, com o desenvolvimento do pensamento formal, assiste-se à exatidão da representação das distâncias métricas e à redução com proporcionalidade que ainda permaneceram inexatas no período anterior.

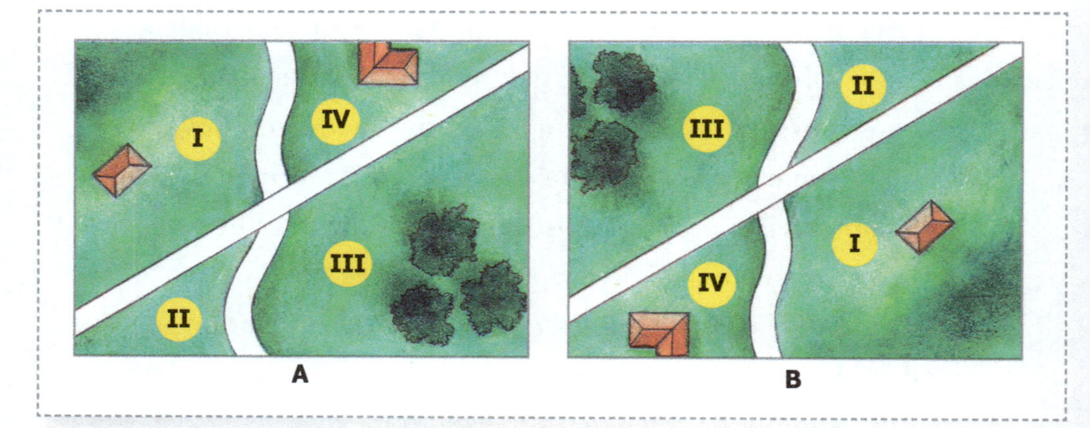

Segundo Piaget e Inhelder (1993), a criança mostra-se apta a compreender as relações métricas (espaço euclidiano), coordenar pontos de vista (espaço projetivo) e trabalhar com signos abstratos no estágio do pensamento formal.

No período operatório, por meio das estruturas cognitivas que possibilitam construir o espaço topológico, o aluno aprende a relacionar ou diferenciar a proximidade e pontos mais distantes, estabelecendo uma ordem (isto antes, isto depois), vizinhança, separação, interioridade-exterioridade (dentro, fora), inclusão-exclusão. Essa aprendizagem não pode ser entendida de forma fechada aos estágios e às faixas etárias, pois o desenvolvimento das estruturas potenciais do pensamento e da representação ocorre pelas ações e reflexões, individualmente e em contato com outras crianças e adultos.

Vamos entender essa coordenação entre as ações do sujeito e as revelações do objeto:

NÍVEIS DE LEITURA

Sujeito	Objeto
Observa o objeto e percebe-o em sua forma exterior	**Leitura de nível elementar** – Os elementos estão isolados – Percebidos um a um Responde às perguntas: – Onde está a farmácia? – O que representa este símbolo?
Analisa, separa os componentes, entra no objeto e percebe as relações entre elementos que formam o objeto	**Leitura de nível intermediário** Os elementos são associados Responde às perguntas: – Onde há mais farmácias? – Onde estão as farmácias?
Percebe uma lógica classificatória e reúne os elementos, construindo agrupamentos	**Leitura de conjunto** Como se organiza o espaço – Como é o zoneamento
Percebe a estrutura do objeto, lê a informação e vê o conjunto	**Leitura de síntese** – O que revela o mapa? – O que revela o gráfico? O problema aparece

ADAPTAÇÃO DE MACEDO (S/D) E BERTIN (1986).

PARTE III
O mapa e o gráfico

"Um gráfico e um mapa não são somente desenhos. (...) Eles são construídos e reconstruídos até que revelem todas as relações mantidas pelos dados (...) O gráfico e o mapa não têm apenas formas e cores. Mas é preciso aprender a reconhecer as formas e cores dos gráficos e mapas para 'ler' e 'informar-se'" (Bertin, 1986).

Capítulo 6
Representações gráficas

6.1 – *Mapas e gráficos*

As representações gráficas fazem parte do sistema de sinais construído para comunicar informações por meio de imagens de impacto visual. A imagem construída deve revelar visual e instantaneamente os dados e as relações entre eles, aproveitando o máximo de sua capacidade de comunicação.

Podemos inserir na categoria das representações gráficas os mapas e os gráficos. A diferença entre eles está nas respostas que as imagens fornecem. A imagem em um mapa responde à questão "onde?" e os símbolos que informam a localização de uma cidade, rio, estrada ou zona não podem ser permutados. Não se pode mudar a localização da cidade de São Paulo e do Rio de Janeiro. Os dados de um gráfico são quantitativos e respondem às seguintes questões: "O quê? Quanto? Em qual ordem ou proporção?" As barras ou qualquer outra forma de um gráfico podem ser permutadas para formar uma imagem que comunique a informação de maneira mais clara.

A tabela na qual os dados serão organizados é a base para a construção de gráficos e mapas. É um passo inicial importante de agrupamento e classificação dos dados para que a relação entre eles apareça. Para organizar os dados coletados em uma tabela, o aluno precisa conhecer a informação do eixo horizontal e a do eixo vertical e colocar o dado no cruzamento deles, produzindo uma terceira informação. É um exercício que exige a leitura das relações e pode provocar o desenvolvimento do pensamento lógico-matemático.

O gráfico e o mapa são eficazes quando possibilitam a leitura da informação que contêm. Devem fornecer resposta visual imediata às questões que surgem: "O quê? Qual a relação? Em qual ordem?"

O conteúdo é constituído pelos dados obtidos no espaço pesquisado diretamente em trabalhos de campo ou nos *sites* dos institutos de referência, como prefeituras, IBGE, Instituto Agronômico, entre outros. Os dados assim coletados são brutos, podem ter aspectos quantitativos e/ou qualitativos e devem ser tratados, selecionados e agrupados em determinadas classes.

A primeira decisão ao elaborar um mapa ou um gráfico cabe ao redator gráfico e ao usuário, que devem ter claros os objetivos que necessitam alcançar por meio dessa representação.

A segunda decisão ao elaborar um mapa é quanto ao tipo de implantação dos dados: pontual, linear ou zonal.

As informações sobre tipos de cidade e indústria podem ter implantação pontual. A representação de rios, estradas e limites

Modo de implantação	Objetos a serem representados	Exemplo
Pontual	Cidade, igreja	○,●,□,†
Linear	Estrada, divisas, rio	=,----,∽
Zonal	Zona de plantação de trigo	▬

tem implantação linear. O traçado do rio terá implantação linear da cor, no entanto a bacia hidrográfica deve ter implantação zonal da cor, assim como as zonas de agricultura, zoneamento urbano, densidades demográficas e tipos de clima têm implantação zonal.

A terceira decisão recai sobre as variáveis visuais que podem ser selecionadas para que a informação e a relação entre os componentes da informação possam ser comunicadas:

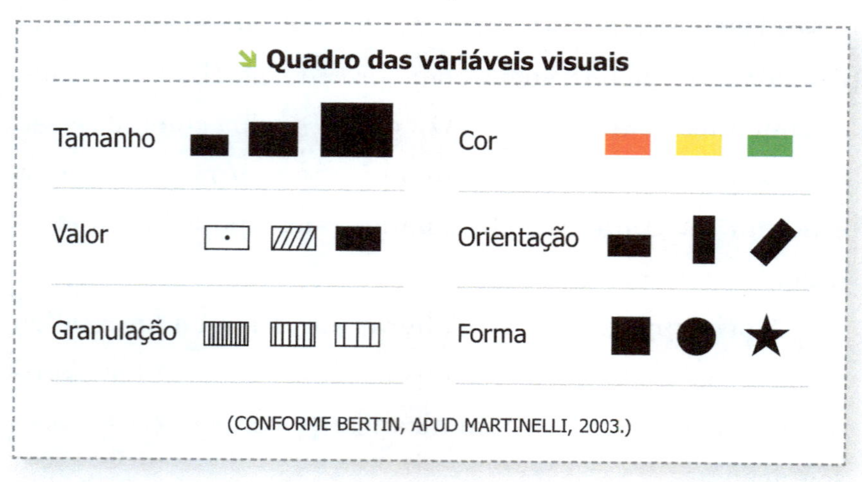

(CONFORME BERTIN, APUD MARTINELLI, 2003.)

Assim como na elaboração de mapas, há diversas formas de gráficos para expressar um conteúdo. Os tipos de gráficos mais utilizados, principalmente em livros didáticos, são de linha, barra e setores.

A escolha do tipo de gráfico é do usuário e é preciso que, ao tratar graficamente a informação, ele efetue a síntese para fazer aparecer a imagem:

- Gráfico de linha – É utilizado quando necessitamos informar a evolução, os dados em continuidade. Por exemplo, a evolução da produção agrícola de um determinado lugar e período, a evolução das populações urbana e rural, a elevação da temperatura, entre outros fatores.
- Gráfico de barras – Mostra as quantidades de forma clara, em correspondência com o ano indicado ou o território. Os dados em si são independentes. Exemplo: volume de chuva em um determinado período, em um dado lugar.
- Gráfico de setores (conhecido como gráfico de *pizza*) – Forma a melhor imagem para dados proporcionais.

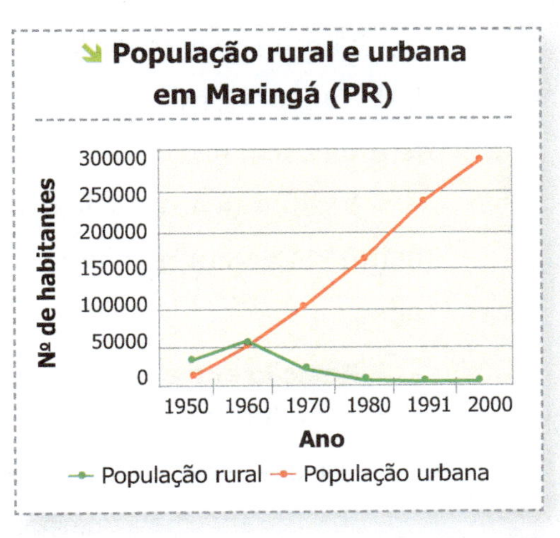

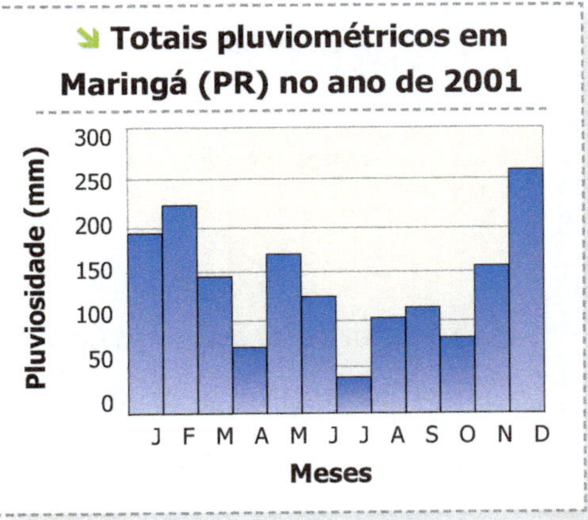

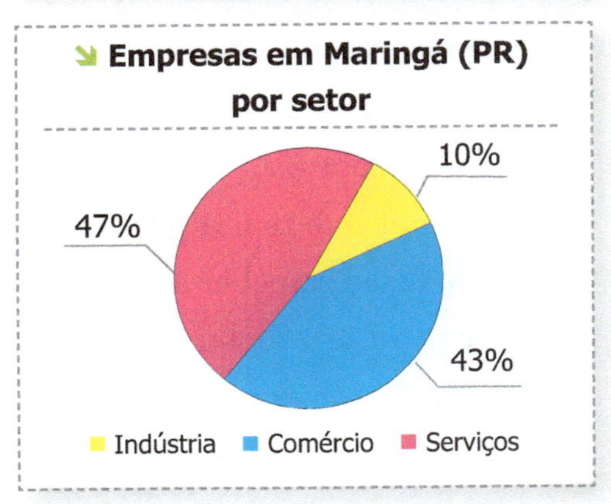

GRÁFICOS RETIRADOS DE PASSINI (ORG.), 2006.

Não há necessidade de se elaborar um gráfico para um dado único. O gráfico precisa mostrar a relação entre os dados de diferença, ordem ou proporção.

A diferença, a ordem ou a proporção não estão no elemento <A> nem no elemento <B>, mas na relação entre eles:

Relação entre os dados	Exemplo	Variável visual de melhor percepção
De diferença	Diferentes meios de locomoção	Cor Linha A Linha B
De ordem	A < B < C	Branco - Cinza - Preto
De proporção	A é quatro vezes maior que B	Tamanho A B

Na relação de proporção, por exemplo, a imagem formada deve mostrar que A é quatro vezes maior que B. A variação de tamanho possibilita ver melhor essa diferença de proporção, pois é a variável visual que tem a propriedade de fazer perceber a proporção. Em uma escola, pode haver quatro vezes mais professores do sexo feminino que do sexo masculino. Por exemplo:

O gráfico torna visível a diferença proporcional que existe entre os dados. Percebemos essa proporção visualizando-a rapidamente em um gráfico.

Comparando-se a sentença ao utilizarmos a escrita para expressar o mesmo conteúdo, percebemos que o gráfico é sintético e mostra a informação em um instante de percepção sem ambiguidades.

Dizemos que o gráfico tem mobilidade porque fazemos vários tipos de combinações, permutando a organização dos dados para conseguirmos colocar em evidência as relações realmente pertinentes, formando uma imagem fiel à informação.

Na linguagem escrita ou falada, mudamos a ordem das palavras ou as próprias palavras e tentamos diferentes combinações para "dizer a mesma coisa", até que a frase comunique a informação da forma mais clara possível. Com o gráfico, fazemos algo similar. Enquanto a sua essência não estiver clara, rearranjaremos os dados de diversas formas, sempre tendo em mente a relação entre os componentes da informação que queremos revelar. A imagem formada deve permitir "ver" a informação no menor tempo possível de percepção, sendo clara e de leitura única.

Bertin (1986) afirma que o arranjo visual da informação deve obedecer a uma lógica para haver uma leitura eficaz. Ele resume a lei da visibilidade que deve estruturar a construção das representações gráficas.

A escolha da variável visual começa pelo estudo das respectivas propriedades perceptivas (o que permite perceber melhor) para se chegar a uma boa organização dos dados.

Lei da visibilidade, conforme Bertin

A) Suprimir o que é comum a todos os elementos da informação, aquilo que é comum não separa.

B) Utilizar toda a extensão da variável visual para transcrever a informação discriminante e, por exemplo, utilizar uma gama de valores desde o branco até o preto.

C) Suprimir os "ruídos", isto é, os estímulos não significativos, como papel cinza colorido, ou sujo, ou com manchas, confusões gráficas etc., visto que reduzem também as distâncias visuais de separação, não permitindo a percepção imediata da informação essencial. Todo traçado que atrapalhe a visibilidade deve ser suprimido, pois prejudica a percepção visual.

D) A informação deve ser organizada para formar uma imagem que comunique a síntese do conteúdo, sem repetições.

Toda escolha é precedida de um estudo para que a decisão das opções se baseie em conhecimento e não em adivinhação. É importante que o gráfico construído revele as relações existentes entre os dados.

Uma construção eficaz de gráfico pode ser definida como a que responde a toda questão colocada em apenas um instante de percepção, uma resposta que esteja em uma única imagem.

6.2 – *Os níveis de leitura e as possibilidades de avanços por meio da Alfabetização Cartográfica*

Acreditamos que se a metodologia da Alfabetização Cartográfica for trabalhada de forma a considerar o sujeito e o objeto em suas coordenações, ocorrerão avanços nos níveis de elaboração e leitura das representações gráficas: do nível elementar ao intermediário e ao de síntese ou de conjunto.

Interpretamos esses avanços no nível de elaboração e leitura das representações gráficas como a passagem de um conhecimento menor para um conhecimento melhorado ou de um conhecimento isolado para um conhecimento de conjunto.

Na leitura de nível elementar cada componente que constitui a informação é lido de forma isolada: um traçado linear que representa um rio, um círculo que representa uma cidade, o vermelho que simboliza a escola.

No nível intermediário, os elementos são associados e classificados: agrupando-se aquele rio percebido na leitura do nível elementar aos outros rios para a percepção da bacia hidrográfica, e o círculo que representa uma cidade será associado a outras cidades da mesma quantidade de população absoluta. Para o mapa da localização da escola, a leitura de nível intermediário deve responder à indagação: "Onde se localizam as outras escolas na cidade?"

No nível avançado, constrói-se a síntese, uma visão de conjunto da organização dos elementos. Como é a rede hidrográfica do Brasil, do Estado ou do município? Como é a hierarquia urbana no País ou Estado etc.? Na escala local, como se organiza a distribuição das escolas no município?

As possibilidades de o leitor avançar nos níveis de leitura são o objeto de investigação e análise da metodologia da Alfabetização Cartográfica. É preciso que o sujeito seja colocado diante do objeto e desafiado a agir em relação a ele, utilizando as ferramentas da inteligência para separar e ordenar os componentes e melhorar a compreensão do objeto.

Bertin (1988) diferencia dois tipos de mapas: mapas para ler e mapas para ver.

O mapa com muitas informações e legenda seletiva obriga o leitor a voltar à legenda repetidas vezes para memorizar o significado das cores, traços ou formas. Esse tipo de mapa responde apenas a um tipo de questão: "Em tal lugar, o que há? Ou tal coisa, onde está?"

Veja no mapa a seguir:

O mapa das linhas de ônibus da cidade de Maringá pode ser classificado na categoria de mapa para ler, porque não há lógica na composição e distribuição das cores. A única informação visual instantânea é de que há muitas linhas e estas têm trajetos diferentes. Como há muitas informações, o leitor não consegue visualizar nenhuma imagem, sendo obrigado a ler cada cor e encontrar a tradução da cor na legenda. É uma leitura ponto a ponto, portanto uma leitura de nível elementar:

- Aqui a linha 244.
- A cor ▬ representa qual linha de ônibus.

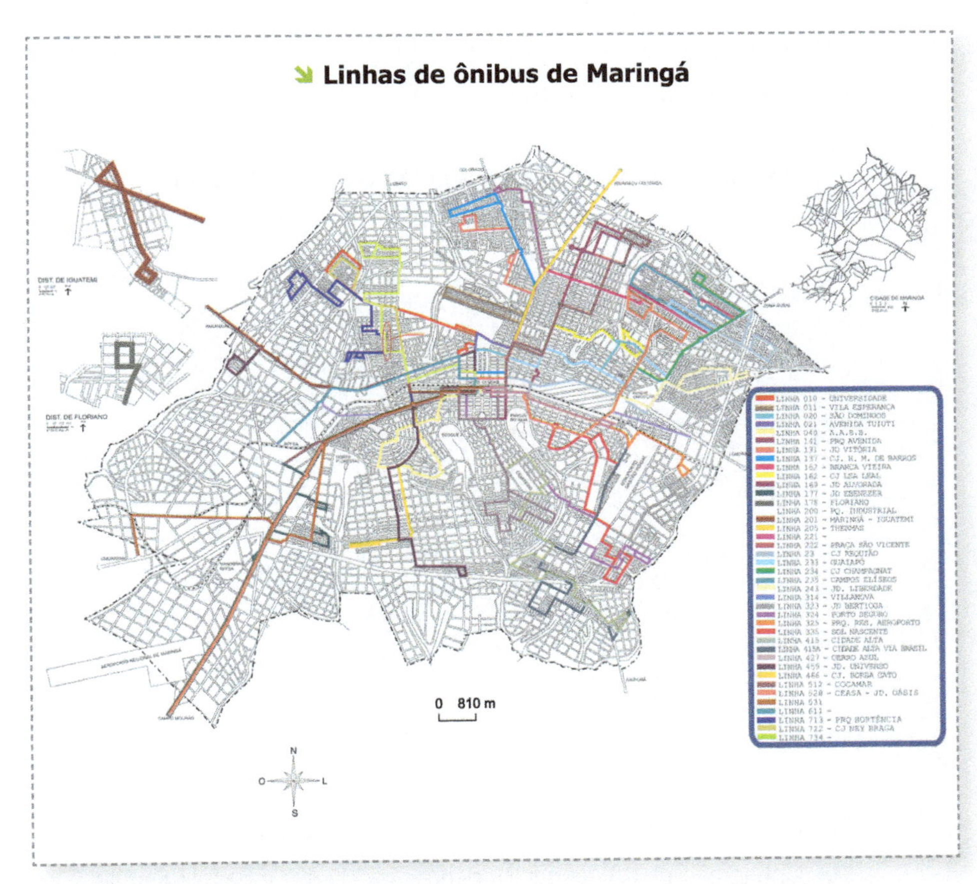

Mapa de linhas de ônibus de Maringá com todas as linhas. Passini (Org.)., 2006.

No entanto, quando há uma lógica na utilização das variáveis visuais que mostram a seleção, ordem ou proporção, o leitor pode associar os significantes e construir uma imagem.

São muitas informações e é importante proceder a uma classificação para termos uma lógica na organização das linhas de ônibus de Maringá. Por exemplo, podemos separar as linhas que são utilizadas pelas crianças da classe e as linhas que não são utilizadas por elas. Com essas duas categorias, representadas por duas cores distintas, o mapa pode ser visto:

Linhas de ônibus utilizadas pelas crianças da classe

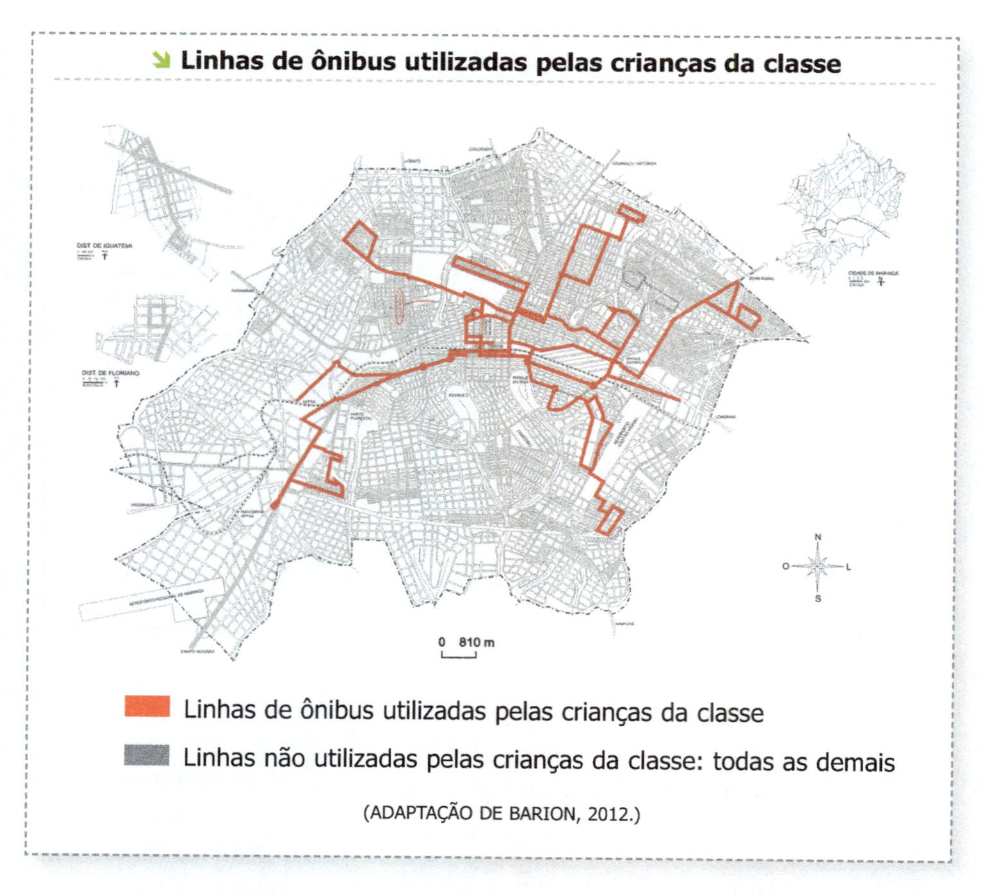

(ADAPTAÇÃO DE BARION, 2012.)

Um mapa elaborado com essas duas categorias representadas pelas duas cores possibilita que os alunos vejam o que tem a comunicar em um relance: existem linhas (em vermelho) que as crianças da sala utilizam e as outras linhas (em cinza) que as crianças não utilizam.

A Alfabetização Cartográfica, a metodologia que discutimos neste livro, propõe métodos que possibilitem aos alunos avançarem nos níveis de leitura: elementar, intermediário e avançado.

Trabalhamos nesse sentido com a aprendizagem de algumas habilidades que proporcionem o desenvolvimento de noções estruturantes para o avanço nos níveis de leitura de mapas e gráficos.

Algumas noções básicas, como orientar-se, localizar um ponto, utilizar referências pessoais ou instrumentos de medição, podem auxiliar os leitores a aprender a ler e representar o espaço, possibilitando que desenvolvam habilidades em potencial conquistadas pela vivência.

As ações que os sujeitos realizam para desvendar o espaço melhoram as possibilidades de tornar as habilidades potenciais em desenvolvimento efetivo.

Para o geógrafo, quer pesquisador, quer professor, esse objeto é o espaço geográfico. O aluno vai desvendá-lo percorrendo a rua da escola, contando os edifícios, observando as diferenças nas construções, no uso, nas pessoas que entram nas lojas e saem delas, os objetos que são comprados ou deixados para conserto. É seu olhar, sua observação que coleta as informações e processa-as utilizando as referências do conhecimento arquivado e as ferramentas da inteligência.

O professor deve se preocupar em formar o aluno pesquisador. Durante o processo de coleta e classificação de dados, o aluno deve ser incentivado a realizar o trabalho como investigador. Os dados levantados são válidos, o professor não deve impor uma classificação, mas deixar que a discussão na classe flua, instigando o aluno a justificar a categorização escolhida e pensar em alternativas:

A professora perguntou:

– Por que vocês estão considerando a revistaria e o salão de beleza em uma mesma categoria?

As respostas dos alunos não foram uniformes, representando uma classificação particular:

– Porque a dona é mulher.

– Porque são casas pequenas.

– Porque não são de morar.

É válida uma categorização que considere o ponto de vista individual? Como exercício de construção da habilidade de classificar, a resposta é sim.

Para o mapeamento, trata-se de um trabalho de Cartografia, uma etapa do caminho a ser percorrido. O professor pode discutir as semelhanças entre o trabalho que acontece em um salão de cabeleireiro e em uma revistaria. O que acontece, por exemplo, em uma fábrica de bolsas e em uma fábrica de doces. A classificação que surge após essas discussões é muito significativa, porque teve a participação de cada aluno que, ao argumentar, percebe as diferenças das categorias consideradas pelos colegas e escolhe uma segundo a própria lógica e facilita a composição da legenda. O que é igual e o que é diferente e como representar essa diferença?

O objetivo do ensino de Geografia e Cartografia deve ser o desenvolvimento da autonomia intelectual. Para esse objetivo amplo, mas estruturante para a cidadania, o caminho metodológico escolhido é o da formação de atitude investigativa, educar o pesquisador, o geógrafo e cartógrafo.

Avançar nos três níveis de leitura de mapas, atendendo a percepção e ritmo das crianças, facilita o conhecimento do espaço e, ao mapeá-lo, torna-o mais bem conhecido. É possível trabalhar com projetos de resolução de problemas tanto elaborando como realizando leituras de mapas e gráficos criados pela classe ou de institutos de pesquisa, desde que os alunos estejam alfabetizados para ler a linguagem cartográfica.

Quando o aluno atinge o nível avançado da leitura das representações, ele pode "ver" o problema e elaborar projetos para resolver problemas, um desafio para o professor e a classe. Esse projeto deve ser elaborado com os alunos, todos parceiros da investigação em busca de soluções.

As ferramentas eletrônicas podem criar possibilidades de trabalhos diferenciados, colocando o aluno à frente de um projeto, para que busque informações, forme conceitos, desenvolva habilidades, seja geógrafo e cartógrafo. No entanto, mesmo utilizando recursos sofisticados, se o professor expuser seu ponto de vista como único possível, o aluno como receptor passivo não conseguirá avançar na construção de conceitos e habilidades.

Portanto, para o professor, continua o desafio de ler o mundo para o aluno ou mediar as possibilidades para que o aluno efetue as próprias leituras: a primeira, a segunda, o infinito, melhorando seu olhar, o conhecimento e as habilidades.

O mundo está onde sempre esteve. Foram os homens que o tornaram conhecido, desvendaram, traçaram caminhos, revolucionaram as produções, criaram uma teia de comunicações. Mudaram a circulação e o significado da velocidade do tempo e do espaço. O mundo hoje está desvendado, mapeado na superfície e no seu interior. Na atualidade, as ferramentas tecnologicamente avançadas possibilitam fotografar momentos e espaços em detalhes: uma imagem de satélite permite ver a quantidade de folhas em uma plantação de soja, indicando sua localização e a hora exata desse registro.

Em um mundo assim conhecido, qual o significado em descrever uma paisagem, memorizar a extensão de rios, copiar dados sobre a quantidade da população de uma cidade, região ou país?

Foucault (1992) traz uma reflexão para que possamos situar o saber da Geografia como uma das interpretações possíveis:

> *O mundo é coberto de signos que é preciso decifrar, e esses signos, que revelam semelhanças e afinidades, não passam, eles próprios, de formas de similitude. Conhecer será, pois, interpretar: ir da marca visível ao que se diz através dela e, sem ela, permaneceria palavra muda, adormecida nas coisas.*

PARTE IV
Sugestões de atividades

As atividades sugeridas a seguir estão organizadas de forma a serem articuladas aos objetivos, aos conceitos a serem aprendidos e às habilidades a serem desenvolvidas, com descrição dos procedimentos e também sugestão de avaliação.

Não são receitas de práticas, mas sugestões que pretendem ser objetos de pesquisa: realize-as, observe, registre e avalie o trabalho dos alunos.

Como pesquisador, você pode interagir com seus alunos enquanto os trabalhos são realizados, auxiliando-os e desafiando-os. Sistematize o trabalho registrando o momento da execução: data, hora de início e término. Guarde todos os trabalhos dos alunos com identificação da escola, professor e classe. Cada desenho deve ser identificado com o nome e a data de nascimento da criança, bem como a data de realização do trabalho. Descreva detalhadamente a circunstância da aula, a reação dos alunos, perguntas, a forma como realizam o trabalho, dificuldades no manuseio do material, entre outros itens. Muitas vezes, as perguntas fornecem importantes pistas para compreender a forma como a criança pensa, representa o espaço e realiza sua leitura de mundo. Analise e descreva as passagens do não saber, as tentativas e o "insucesso/sucesso", objetivando melhorar as possibilidades, as necessidades, as sugestões etc.

Os registros são preciosos para você efetuar uma leitura de todo o processo e elaborar uma análise no final de um dado período. Zabalza (2007) sugere utilizar diários como instrumentos de pesquisa, avaliação e crescimento profissional, no qual os trabalhos que você realiza com seus alunos podem ser registrados. Trata-se de materiais muito ricos que podem alimentar a rede de conhecimento dos alunos como sujeitos da inteligência coletiva. Coloque seu modo de ver o mundo e o de seus alunos nos trabalhos e vocês terão um riquíssimo material para desenvolver a prática teórica vivenciada.

Não é necessário que a pesquisa tenha resultados extraordinários, pois é no pensamento coletivo que podem ocorrer avanços "extraordinários". Não é a soma dos trabalhos, é um outro trabalho, um outro conhecimento, o conhecimento aprimorado com o conhecimento coletivo.

Ao entrar na rede de conhecimento em construção sobre a metodologia de Alfabetização Cartográfica, podemos gerar redes de pesquisa colaborativa.

A análise e leitura das ações que ocorrem na sala de aula refletidas por diferentes olhares provocam a revisão das teorias e a cada nova pesquisa, a cada nova leitura, surgem novas perspectivas. Sejamos todos pesquisadores profissionais.

Embora mapas e gráficos façam parte da categoria das representações gráficas, no capítulo 8 constam atividades relativas a mapas que contemplam as preocupações básicas dos professores ao trabalharem com Geografia e Cartografia: orientação, legenda, escala, tridimensionalidade e coordenadas geográficas. No capítulo 8, há inúmeras atividades para elaborar gráficos por meio de levantamento e tratamento de dados.

A ordem dos temas e das atividades não precisa ser seguida, pois pode ser organizada conforme o planejamento do ano e a motivação dos alunos por uma ou outra noção.

Capítulo 7
Atividades com mapas

7.1 – *Orientação*

A orientação é um capítulo sempre presente nos livros de Geografia, principalmente no início dos ciclos (1ª e 5ª séries). O que temos visto nesses capítulos introdutórios são explicações sobre a indicação da nascente do Sol como direção Leste, muitas vezes com a figura de um menino de braços abertos, com a mão direita apontando o Leste. Essa forma de "orientar" pode criar o equívoco de que o lado Leste é determinado com a mão direita.

O trabalho com o globo terrestre é importante porque o aluno passa a ter noção das direções cardeais, libertando-se da associação equivocada entre a direção Leste e a mão direita. Outro equívoco que pode ser evitado ao utilizar o globo terrestre é a associação da direção Norte e acima. Os alunos ficam confusos quando apontamos um rio (como os afluentes da margem direita do rio Amazonas que descem para o Norte) que se dirige para o Norte e dizemos que o rio desce. O trabalho com mapas de relevo e rios pode auxiliá-los a entender melhor o que significa um rio correr para baixo. Essas questões precisam ser discutidas com eles para que observem e passem o dedo no globo e no mapa e possam entender as direções cardeais, desvinculando o Norte do para cima, pois sendo a Terra esférica, não subimos quando nos dirigimos para o Norte, assim como não descemos quando nos dirigimos para o Sul. Descemos ou subimos morro, montanha, descemos para o vale ou para a depressão.

Norte, Leste, Oeste e Sul são as direções cardeais que podem ser visualizadas em uma rosa dos ventos. Sempre que for colocada no chão da sala ou no pátio, deverá estar devidamente orientada.

Para construir um ambiente geográfico na escola, deveria haver uma rosa dos ventos devidamente orientada no chão do pátio, pintada ou em forma de mosaico. As orientações e localizações para deslocamento no espaço escolar deveriam ter as direções cardeais como referência: o portão Leste, a quadra Sul etc.

Conhecer o sentido Norte (indicado pela agulha da bússola) nos dá as outras direções. Conhecer o Leste (mostrado pelo horizonte onde o Sol desponta pela manhã) também nos possibilita ter outras direções, desde que tenhamos em mente a rosa dos ventos.

Como encontrar o Leste? Essa questão aparentemente simples "desorientou" os alunos quando nos posicionamos para olhar o horizonte onde o Sol aparecia pela manhã, à nossa frente, e, dessa forma, o Oeste ficou às nossas costas, contrariando a noção das cartilhas de que o braço direito aponta o Leste.

É preciso que o aluno relacione a direção Leste-Oeste ao movimento de rotação da Terra. Ele deve entender que o Sol "surge" a Leste porque a Terra gira de Oeste para Leste. "Amanhecer" significa que a Terra está entrando na claridade provocada pelos raios solares. O aluno deve entender que a trajetória descrita pelo Sol no céu durante o dia é resultante do movimento da Terra e não do Sol. Por isso, dizemos que o "Movimento do Sol é aparente", ou seja, não é o Sol que se movimenta, é a Terra que gira em torno de seu eixo imaginário. Como a Terra realiza o movimento de rotação de Oeste para Leste, os astros, tanto o Sol como a Lua e outras estrelas, "aparecem" a Leste e "desaparecem" a Oeste. Na verdade, quando vemos o Sol pela manhã, estamos entrando na claridade, e quando vemos o Sol desaparecer à tarde, estamos deixando a parte iluminada pelo Sol e entrando na escuridão.

A simulação com um globo terrestre pode ajudar, no entanto devemos tomar cuidado com a proporção entre a Terra e o Sol. Se representarmos o Sol com uma bola de futebol, por exemplo, a Terra deverá ser representada com uma bola de gude! Portanto, é inadequado utilizar lanternas para representar o Sol.

Atividade 1 – Simulações com o globo terrestre

Faça simulações com o globo terrestre para que os alunos consigam imaginar-se movendo-se com a Terra de Oeste para Leste, entrando na claridade pela manhã e saindo dela ao entardecer (pôr do Sol).

- **Objetivos**
  - Visualizar o movimento de rotação da Terra e entender que é a Terra que se move.
  - Libertar-se do equívoco de que o Sol nasce pela manhã e morre à tarde.
  - Perceber a sequência dia/noite.
- **Noções e conceitos**: movimento de rotação da Terra, sequência dia e noite, direções cardeais associadas ao movimento de rotação da Terra.
- **Habilidades**: observar o movimento aparente do Sol, perceber a sequência dia/noite e determinar as direções cardeais em situações reais.
- **Materiais:** globo terrestre e fita adesiva.
- **Procedimentos:** escureça a sala para que a claridade natural que entra pela janela seja a iluminação do Sol. Coloque um sinal representando a posição de vocês no globo, no local aproximado do município/Estado onde moram. Gire o globo de Oeste para Leste repetidas

vezes, explicando que é o movimento de rotação da Terra. Conforme o sinal afixado no globo entra na claridade, o Sol "aparece" para vocês, significando que está amanhecendo. Dessa forma, os alunos vão perceber que é a Terra que se move regularmente.

- **Avaliação**: a cada giro da Terra, os alunos devem dizer quando é dia ou noite.

Atividade 2 – Orientando-se no pátio

- **Objetivos**
  - Reconhecer as direções cardeais nos espaços da escola.
  - Reconhecer a direção da própria casa, partindo da escola.
  - Utilizar as direções cardeais como referência dos lugares.
- **Noções e conceitos**: movimento de rotação da Terra, direções cardeais.
- **Habilidades:** observar o movimento aparente do Sol, ler a rosa dos ventos e aplicá-la em um espaço real, articular espaço real e sua representação.
- **Materiais**: rosa dos ventos em cartolina com 1 m em cada uma das direções; planta da cidade.
- **Procedimentos:** coloque a rosa dos ventos no centro do pátio e, ao observar o movimento aparente do Sol, determine as posições das dependências Leste, Oeste, Norte e Sul, assim como outros compartimentos, como biblioteca, refeitório, diretoria etc.

  Repita o procedimento com a planta da cidade. Localize o bairro da escola na planta, coloque a rosa dos ventos centralizada no quarteirão da escola e faça que cada aluno reconheça a direção da própria casa partindo da escola.

- **Avaliação**: coloque a rosa dos ventos no centro do pátio para que o aluno indique a direção de outros objetos conhecidos, como supermercado, igreja, banco etc., a partir da escola.

Atividade 3 – Orientador x orientado

- **Objetivo**: reforçar os sentidos cardeais na perspectiva do outro.
- **Noções e conceitos**: direções cardeais.
- **Habilidades**: ter domínio espacial, orientar e coordenar pontos de vista (colocar-se na perspectiva do outro), ler simultaneamente informações da horizontal e da vertical.
- **Materiais**: rosa dos ventos em cartolina ou desenhada no chão do pátio; material de pintura.

Norte

	A	B	C	D	E	F	G	H	
8					X				8
7					X				7
6					X				6
5	X	X			X				5
4		X			X				4
3		X	XX	X	X				3
2			XX						2
1			XX						1
	A	B	C	D	E	F	G	H	

Legenda

X Ana (vermelho) X Sérgio (verde)

- **Procedimentos**: quadricule o chão do pátio conforme o modelo anterior. Divida a classe em pares, com os alunos se alternando nas funções de orientador e orientado. O comando dado deve ser claro para que o aluno que recebe a ordem encontre o sentido da direção cardeal e a quantidade de passos a seguir. Por exemplo: Sérgio parte do ponto 5-A, segue 1 casa para Leste, duas casas para Sul e mais 1 casa para Leste e espera por Ana. Ana parte do ponto 8-E, segue 5 casas para Sul e mais 2 casas para Oeste e encontra Sérgio. Os dois seguem juntos 2 casas em direção Sul.
  Qual a posição em que eles finalizaram o passeio?
  O quadriculado do chão é um meio para aprender a ler coordenadas, desenvolver habilidades para lidar com duas informações e coordenar os dados dos eixos horizontal e vertical. É uma aprendizagem estruturante, pois auxiliará nos estudos de latitude e longitude.
- **Avaliação**: os alunos devem criar alternativas de direções e formas de ditar as ordens para o caminhante e formular um problema cuja solução está em cruzar as informações dos eixos vertical e horizontal.

Atividade 4 – Construção de um relógio solar no pátio da escola

Os astros foram utilizados desde tempos remotos como referência para sistematizar o tempo e o espaço.

Dividir o tempo observando as diferentes posições da sombra, utilizando uma haste vertical fincada no chão, é um método antigo. Uma haste (gnômon) pode ser utilizada para essa função. Existem várias explicações sobre a origem do gnômon, dentre elas a de que foram os egípcios, há 1500 a.C., que o utilizaram para dividir o tempo. Outros afirmam que foram os gregos.

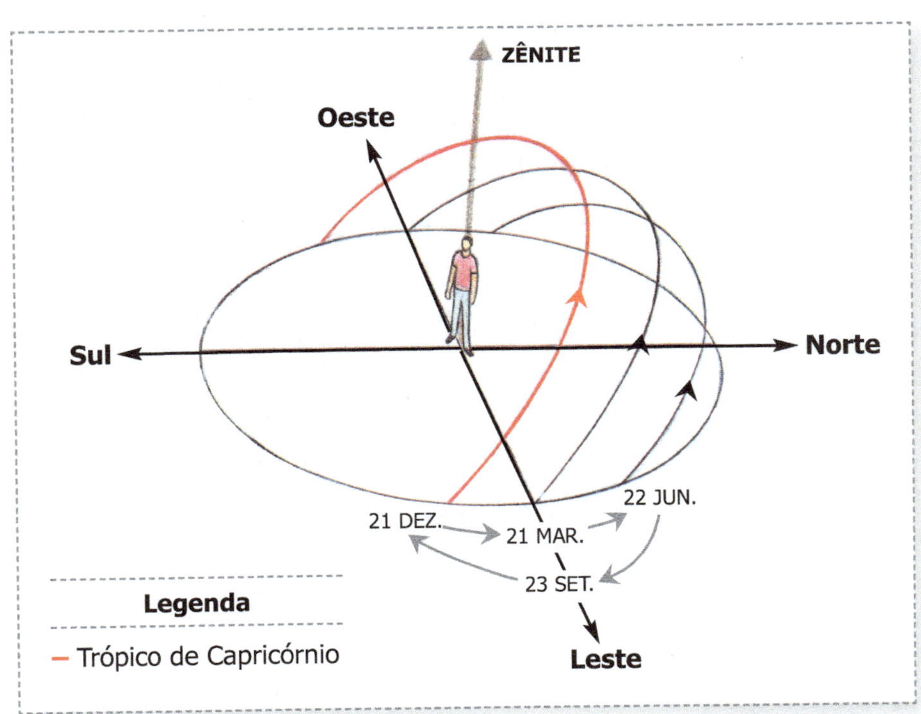

O Sol aparece no horizonte Leste e desaparece no horizonte Oeste em diferentes posições, conforme as estações do ano. As sequências das estações do ano e as diferenças nos Hemisférios Norte e Sul ocorrem como consequência do movimento da Terra ao redor do Sol e da inclinação do eixo terrestre em relação ao plano da órbita.

Observar a sombra durante o ano facilita a compreensão de que o Sol faz seu trajeto aparente no céu em diferentes posições.

- **Objetivo:** observar o movimento aparente do Sol e a variação da posição da sombra no decorrer do dia e do ano. Observar o movimento aparente do Sol (Leste para Oeste) e perceber o movimento de rotação da Terra (de Oeste para Leste). Relacionar a variação da posição da sombra no decorrer do ano ao movimento de translação da Terra.
- **Noções e conceitos:** movimento de rotação, trajetória aparente do Sol, movimento de translação da Terra, estações do ano.
- **Habilidades:** observar o movimento aparente do Sol, observar e significar as sombras, efetuar previsão das sombras nas diferentes horas do dia e sua mudança durante o ano, diferenciar as estações do ano.

- **Materiais:** estaca de 50 cm (madeira ou plástico), 78 pedras pequenas.
- **Procedimentos:** escolha um lugar no pátio que esteja livre de sombras. Coloque a estaca no centro e desenhe um semicírculo (com um raio de, no mínimo, dois metros) voltado para o Norte. Observe a sombra projetada pela estaca e coloque as pedras ou os galhos para cada hora do dia. O ponto da sombra mais curta será meio-dia ou 12 horas. Divida o semicírculo em 12 partes, colocando seis delas em cada lado da estaca central que marca o meio-dia, e marque as horas. Os alunos devem colocar a quantidade de pedras correspondente às horas do dia, nos pontos finais da sombra produzida pela estaca. Observar a sombra ao longo do dia mostra a sequência das horas durante o período iluminado pelo Sol. Observar a sombra no decorrer do ano permite ver que há mudanças na sua posição e, portanto, na trajetória aparente do Sol no céu. Marcando-se as sombras de uma determinada hora do dia durante o ano, o aluno pode ver que no verão o Sol faz sua trajetória mais ao Sul e no inverno, mais ao Norte.

  É importante que essas observações das sombras sejam acompanhadas de simulações com um globo terrestre do tamanho de uma bola de pingue-pongue e uma luminária maior que uma bola de basquete para representar o Sol. Entre 21 de dezembro e 21 de março, os raios solares iluminam mais o Hemisfério Sul e de 21 de junho a 23 de setembro, os raios solares iluminam mais o Hemisfério Norte. Essa variação de posição ocorre por causa da inclinação do eixo da Terra em relação ao plano da elíptica, que é a trajetória da Terra em torno do Sol.

Portanto, pode-se colocar três estacas de cores diferentes para marcar as horas (uma para primavera e outono, outra para o verão e outra para o inverno) e comparar a posição das sombras.

- **Avaliação:** os alunos devem realizar a leitura do relógio solar, registrar em um papel as diferentes posições da sombra da estaca e explicar a causa dessa mudança.

Atividade 5 – Observando as sombras durante o ano

A Terra realiza o movimento de translação girando em torno do Sol em 365 dias. Na verdade, realiza simultaneamente o movimento de rotação em 24 horas, girando em torno de seu eixo imaginário, e o movimento de translação, girando em torno do Sol.

Como o eixo da Terra está inclinado, durante o ano, em um determinado período, um hemisfério recebe maior incidência de raios solares do que o outro, por isso há diferentes estações do ano no Hemisfério Norte e no Hemisfério Sul.

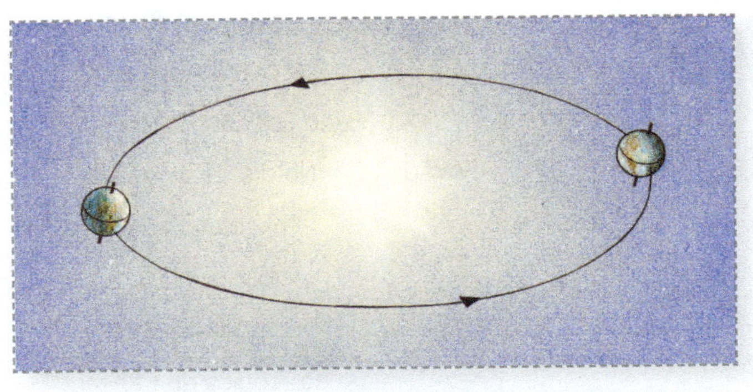

No quadro a seguir, veja o calendário das estações do ano nos respectivos hemisférios:

Períodos	Estações do ano		Observação
	Hemisfério Sul	Hemisfério Norte	
21 de dezembro a 21 de março	Verão	Inverno	No dia 21 de dezembro, os raios solares incidem perpendiculares ao Trópico de Capricórnio, latitude 23º 27´S
21 de março a 21 de junho	Outono	Primavera	No dia 21 de março, os raios solares incidem perpendicularmente ao Equador, latitude 0º
21 de junho a 23 de setembro	Inverno	Verão	No dia 21 de junho, os raios solares incidem perpendicularmente ao Trópico de Câncer, latitude 23º 27´N
23 de setembro a 21 de dezembro	Primavera	Outono	No dia 23 de setembro, os raios solares incidem perpendicularmente ao Equador, latitude 0º

OBSERVAÇÃO: ESSAS DATAS PODEM TER VARIAÇÕES.

- **Objetivo:** entender a alternância das estações do ano como consequência da inclinação do eixo da Terra e do movimento de translação da Terra em torno do Sol; os reflexos na vida na Terra.
- **Noções e conceitos:** movimento de translação da Terra, estações do ano.
- **Habilidades:** observar a sombra e perceber a mudança da posição dela no decorrer do ano.
- **Materiais:** lâmpada de 200 W, globo de luz, globo terrestre de, no máximo, 10 cm de diâmetro equatorial, papéis-celofane azul e vermelho, papel-craft e material de desenho.
- **Procedimentos:** desenhe uma elíptica no papel-craft, dividindo a linha da elíptica em quatro partes iguais. Em cada ponto da divisão da elíptica, coloque as datas do início de cada estação do ano: 21 de dezembro, 21 de março, 21 de junho e 23 de setembro. Coloque a lâmpada ou *plafon* no centro da sala. As crianças devem caminhar pela linha da elíptica com o globo pequeno, posicionando-o em cada um dos quatro pontos de forma que haja maior incidência da luz do Sol no Hemisfério Norte, no Hemisfério Sul ou na Zona Equatorial.
- **Avaliação:** planeje uma viagem (entre janeiro e fevereiro) para um país do Hemisfério Norte: roupas, passeios, problemas que podem ocorrer.

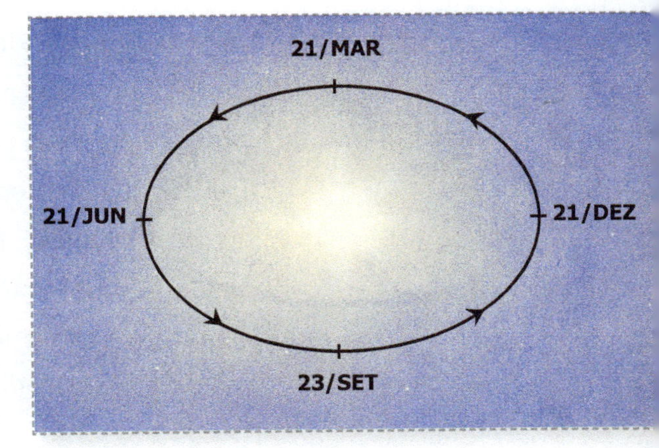

Atividade 6 – Orientando-se na cidade

É importante que a criança saiba se orientar na cidade onde mora e consiga utilizar algumas referências para indicar direções ou algum estabelecimento. Pode-se utilizar plantas da cidade obtidas nas listas telefônicas e trabalhar as direções cardeais para identificar a posição do bairro onde mora a criança em relação à posição do bairro da escola, por exemplo.

- **Objetivo:** aplicar noções de orientação e as direções cardeais no mapa da cidade.
- **Noções e conceitos**: orientação, direções cardeais, espaço topológico (vizinho/não vizinho).
- **Habilidades**: orientar-se, reconhecer a divisão do espaço urbano em quarteirões, praças, ruas paralelas, ruas perpendiculares, entre outras.
- **Materiais**: planta da cidade, rosa dos ventos e bússola.
- **Procedimentos**: desenhe a rosa dos ventos e posicione-a sobre a planta da cidade, centralizando-a em uma praça, e indique as direções cardeais dos elementos do entorno.

  Faça a leitura do mapa com os alunos, diferenciando municípios vizinhos de não vizinhos.

  Peça aos alunos que indiquem a direção cardeal de cada um dos municípios vizinhos da cidade e relatem como se constrói a relação dessa vizinhança na sua vida.

- **Avaliação**: cada aluno deve determinar a direção cardeal dos municípios vizinhos tendo como referência o bairro onde mora.

Atividade 7 – Trabalho com as sombras

- **Objetivo:** desenvolver habilidades de se orientar utilizando as sombras dos objetos presentes no espaço cotidiano e observar o movimento aparente do Sol por meio do acompanhamento das posições da sombra no dia.
- **Noções e conceitos**: direções cardeais, movimento aparente do Sol, movimento de rotação da Terra, luz e sombra.
- **Habilidades**: orientar, observar, ler posições invertidas, distinguir locais sombreados e ensolarados conforme a hora do dia e a direção cardeal.
- **Materiais**: máquina fotográfica ou fotografias da paisagem do entorno da escola.
- **Procedimentos**: tire fotos de objetos verticais como postes, árvores e caixa-d´água que projetem sombras visíveis. Utilize a fotografia para que os alunos possam dizer as direções cardeais relacionadas às horas do dia. O próprio corpo do aluno, como mostra a foto a seguir, pode ser utilizado nesta atividade. O aluno pode dizer a direção à frente, atrás, no lado direito e no lado esquerdo de seu corpo. Os alunos do período da tarde devem trabalhar de preferência no final do dia, quando as sombras estão mais longas. Esta atividade proporciona ao aluno a oportunidade de utilizar a sombra como referência de sua orientação, que é oposta à posição do Sol, usualmente trabalhada. O Sol que surge pela manhã indica o sentido Leste e a sombra projetada do poste, árvore

ou pessoa pela luz do Sol indica a direção Oeste. Considerando outra situação, no final da tarde, quando a Terra vai mergulhando na escuridão, os raios solares indicam o horizonte Oeste e a sombra que esses raios projetam do poste, árvore ou pessoa indica o horizonte Leste.

Foto: Lucília Nunes Martins

Para compreender melhor as direções cardeais e esta não ser uma informação isolada, ao voltar à sala, é importante retomar a situação vivenciada no campo por meio de uma simulação com o globo, que deve ser posicionado em um local que receba a luz do Sol. Os alunos devem colocar uma figura de papel no globo que corresponda à situação vivenciada no campo:

– Os raios solares devem incidir atrás do corpo e a sombra, à frente.

Cada aluno deve posicionar a figura para receber a luz nas costas e identificar os lados Leste, Oeste, Norte e Sul. Neste caso, como a situação vivenciada (na foto) foi no início do período da manhã, à frente da criança está o Oeste, atrás, o Leste, a mão direita indica o Norte e a mão esquerda, o Sul.

- **Avaliação**: leve os alunos ao pátio e relacione os prédios, suas sombras, desenhe e indique as direções cardeais, sempre mencionando a data e a hora. Eles podem ser desafiados a marcar os espaços com sombra e os respectivos períodos do dia.

Atividade 8 – Orientando-se com vizinhos e não vizinhos

As relações espaciais topológicas, primeiras noções a serem adquiridas pelas crianças, dizem respeito às relações de proximidade, vizinhança, separação e interioridade/exterioridade. Considerando o município onde a escola se localiza, os alunos devem identificar os municípios vizinhos e não vizinhos e as separações que existem (placas, córregos, morros). Podem também classificar os municípios vizinhos em relação a distância, separando aqueles próximos dos mais distantes. É importante que essa identificação tenha algum significado, no sentido de tornar a informação viva, ou seja, os alunos da sala de aula podem participar de uma investigação sobre as ações que realizam nos municípios vizinhos.

- **Objetivos**: desenvolver habilidades para se orientar e reconhecer municípios vizinhos e não vizinhos do município onde moram no mapa. Desenvolver habilidade de reconhecer as divisas dos municípios no mapa e realizar leitura das relações topológicas.
- **Noções e conceitos**: direções cardeais, espaço topológico.

- **Habilidades:** interpretar as ações cotidianas tendo como referência as relações espaciais topológicas e as direções cardeais.
- **Materiais:** mapa do município com os municípios vizinhos e mapa do Estado.
- **Procedimentos:** amplie o mapa do município onde os alunos moram e dos municípios vizinhos no chão da sala ou do pátio, para ser lido na perspectiva vertical. Pinte o município onde a escola se localiza com uma cor forte e os municípios vizinhos com uma cor mais clara. Os alunos devem simular ações, como visitar parentes, ir ao médico ou fazer compras, descrevendo as direções que tomam. Os mapas do Departamento de Estradas do Estado podem ser utilizados paralelamente, para que as crianças consigam reconhecer as vias de acesso quando da descrição dos deslocamentos.
- **Avaliação:** os alunos devem criar uma história de deslocamento para o município vizinho, definindo as direções tomadas.

Atividade 9 – Orientando-se e deslocando-se entre a escola e as casas dos alunos

- **Objetivos:** vivenciar situações de deslocamento utilizando referências conhecidas no bairro onde se localiza a escola e reforçar a identificação das direções cardeais.
- **Noções e conceitos:** orientação e direções cardeais.
- **Habilidades:** transitar entre a representação e o espaço concreto, desenvolver a oralidade, organizar o pensamento ao utilizar as referências do espaço cotidiano.
- **Materiais**: giz, carvão e material de desenho.
- **Procedimentos:** no chão da sala ou do pátio, elabore, com carvão ou giz, a planta dos quarteirões próximos da escola com as quadras e o nome das ruas, se possível, em um tamanho no qual se possa caminhar nela.

  As crianças fazem o desenho da própria casa e aguardam sua vez para colocá-lo na planta, na rua onde moram. O professor faz o desenho da escola e coloca-o na planta, considerando a rua ou o cruzamento das ruas, e chama as crianças para colocarem o desenho de suas próprias casas nas devidas posições.

O professor pede a cada criança que simule sua trajetória entre a casa e a escola, explicando a direção que está seguindo, caminhando na própria planta, a cidade de papel.

➘ **Avaliação:** as crianças devem fazer simulações de visita aos colegas.

7.2 – *Legenda: articulação do significado para o significante*

O mapa em si pode ser considerado um símbolo: tem conteúdo e forma. No entanto, em muitos casos a legenda é considerada símbolo por algumas pessoas que dizem: "Temos de definir a legenda do mapa." Na verdade, os símbolos utilizados no mapa devem ser vistos em dois planos: o significado (conteúdo) e o significante (forma) e, dessa maneira, traduzir os significantes, ligando-os a seus significados, é o que chamamos de legenda. Esse processo de dar significado aos significantes também se denomina decodificação.

Uma atividade rotineira como caminhar pelo quarteirão da escola para observar o espaço pode ser desenvolvida para proporcionar vivência da sistematização de levantamento, classificação e tratamento gráfico dos dados.

Tratamento gráfico da informação é o processo de arranjar os dados da melhor forma para comunicá-los e possibilitar que o problema se manifeste.

Atividade 1 – Decifrando o quarteirão da escola

- **Objetivo:** vivenciar as etapas de sistematização no processo de elaborar um mapa.
- **Noções e conceitos:** setores da economia, uso do solo.
- **Habilidades:** observar, levantar dados, classificar e codificar.
- **Materiais:** materiais de desenho.
- **Procedimentos:** ao retornarem à sala após observarem as ruas do quarteirão da escola, os alunos podem fazer o relato oral do conteúdo percebido no meio visitado. Eles devem expor as ideias de forma livre, vivenciar a troca de impressões no grupo e extrair as informações necessárias para elaborar o mapa. Você pode registrar tudo o que eles relatam na lousa para compor a lista de dados brutos, elaborando, dessa forma, o inventário dos elementos da paisagem. Essa lista deve mostrar a leitura da paisagem dos alunos: "portão vermelho", "depois havia uma loja fechada", "depois um banco", "depois um cabeleireiro", "depois um banco", e assim por diante. É preciso ouvir os relatos respeitando a forma específica de cada aluno se expressar: "... e daí, e depois, então eu

vi...." O inventário é elaborado sem censura, com todas as repetições que surgem na descrição realizada pelos alunos, pois é uma relação de dados brutos. Tais dados devem ser tratados agrupando-se as "coisas iguais", retirando a repetição, contando e colocando a quantidade somada para cada elemento:

Elementos da paisagem	**Contagem**	**Quantidade**	**Codificação**

Na rua visitada, pode haver, por exemplo, casas, salão de beleza, loja de presentes e uma costureira. Qual a relação entre esses elementos? Os alunos podem realizar alguns agrupamentos por tentativas até chegar a uma classificação que queiram representar e consigam formar uma imagem que transmita a diferença entre os componentes de forma clara: residências, serviços, comércio e pequena indústria.
Essas ou outras cores que os alunos escolherem devem ser implantadas nos locais onde esses elementos foram identificados.

Elementos	Categoria por função	Cores
Casa	Moradia	amarelo
Cabeleireiro	Serviços	rosa
Mecânico	Serviços	rosa
Loja de presentes	Comércio	azul
Costureira	Pequena indústria	verde
Peças de informática	Comércio	azul

Avaliação: os alunos podem elaborar o mapa do caminho da casa à escola refazendo o processo desde a coleta até o tratamento gráfico dos dados.

Atividade 2 – Uma informação e duas legendas

Esta atividade ajuda o aluno a articular significado e significante e perceber que para o mesmo significado, pode-se criar vários significantes. Pode esclarecer também que o significado é o que existe em nosso pensamento, o conteúdo que a nossa mente concebe. É um desafio que obriga o aluno a entrar no conteúdo, entendê-lo em suas relações e trabalhar o conjunto de significantes que melhor represente o objeto proposto.

A densidade demográfica é em si uma abstração, por ser um conceito relacional: relação entre quantidade de pessoas e o espaço ocupado por elas. A relação torna a informação abstrata, pois não está contida na informação da quantidade de pessoas absolutas nem na informação sobre a área, mas é o resultado de uma divisão. Utilizar fotos como legendas das densidades demográficas auxilia a significar o conceito. Inserir cores ao lado das fotos que representam as densidades baixa, média e alta, respectivamente, pode ajudar o aluno a associar as cores em *dégradé* à ordenação das densidades.

Os dados da população do seu município podem ser levantados na prefeitura ou no *site* www.ibge.gov.br/cidades/.

- **Objetivos:** trabalhar o conceito de densidade demográfica e comparar diferentes formas de representar a relação entre a quantidade da população e a área ocupada por ela.
- **Noções e conceitos:** densidade demográfica e população absoluta.
- **Habilidades:** estabelecer relação entre duas informações.
- **Materiais:** materiais de desenho, materiais de medição, máquina fotográfica ou fotos retiradas de revistas ou internet.
- **Procedimentos:** inicialmente, os alunos devem contar a população da sala para entenderem o conceito de população absoluta. Meça a área da sala, utilizando uma trena ou fita métrica, o

Mapa de densidade demográfica de Maringá com duas legendas: cores ordenadas e fotos

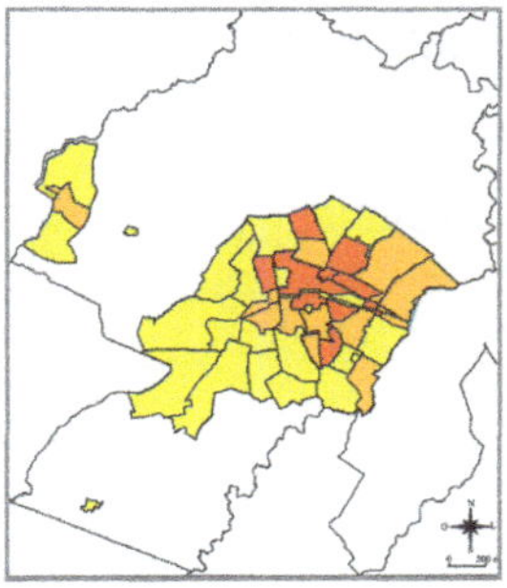

Baixa

Média

Alta

Fotos da autora

comprimento, a largura e multiplique essas duas medidas.

Quantidade absoluta da população da sala	Área da sala	Densidade demográfica da população da sala
30 alunos	5 m x 6 m = 30 m^2	1 aluno por metro quadrado

Após essa experiência, os alunos podem elaborar uma tabela da população absoluta e da área de cada bairro ou zonas censitárias e calcular a densidade demográfica de cada bairro ou zona censitária (www.ibge.gov.br/cidades/). Discuta com eles como classificar as densidades, quantas categorias estas comportam, qual a amplitude e como se pode dividi-las? Pode-se simplesmente as separar em duas classes: densidades baixa e alta. Os alunos podem tirar fotos de cada zona e elaborar a legenda com essas fotos, que devem representar as categorias das densidades escolhidas.

- **Avaliação:** calcule a densidade demográfica de outras salas e coloque uma legenda desenhada e a foto com o grupo de alunos de cada sala. Elabore um texto explicando o que representam a foto e o desenho.

Atividade 3 – Formas diferentes para conteúdos iguais

- **Objetivos:** desenvolver capacidade de selecionar, diferenciar, ordenar, quantificar e codificar. Entender que é possível ter diferentes significantes (formas) para um mesmo significado (conteúdo).
- **Noções e conceitos:** diferença, ordem, quantidade e proporção.
- **Habilidades:** coletar e sistematizar dados.
- **Materiais:** materiais de desenho e materiais escolares de uso regular.
- **Procedimentos:** coloque borracha, lápis e caderno ou outro material disponível para serem representados por símbolos que mostrem melhor a diferença entre eles. Os alunos devem desenhar esses objetos conforme o significante

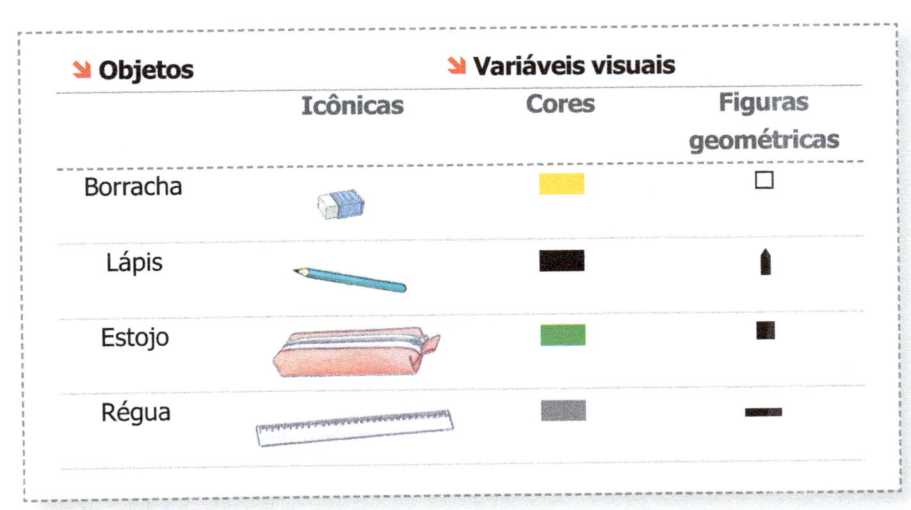

Objetos	Variáveis visuais		
	Icônicas	Cores	Figuras geométricas
Borracha			
Lápis			
Estojo			
Régua			

idealizado em suas mentes. Mostre a palheta de cores, hachuras, figuras proporcionais e peça que escolham o conjunto de variáveis visuais que melhor represente a diferença.

A relação das variáveis visuais consta no Capítulo 6 – Mapas e Gráficos (página 80).

- **Avaliação:** ofereça um outro conjunto de objetos para que os alunos inventem duas formas de representá-los.

Atividade 4 – Baralho de símbolos

O jogo é uma atividade que promove a socialização e auxilia na aprendizagem por meio da ludicidade. Cria uma circunstância de aprendizagem motivadora, pois há um desafio a ser vencido, obrigando os participantes a entender o conteúdo, as regras e aplicar uma estratégia para vencer. Os participantes de um jogo sempre têm por objetivo a vitória. O conteúdo proposto diz respeito a símbolos e certamente o aluno irá entrar nesse mundo para poder vencer o jogo, melhorando sua habilidade em articular significante e significado e desenvolvendo a função simbólica. Ao mesmo tempo, o jogo traz uma importante contribuição ao desenvolvimento da memória, das combinações e das previsões. Também auxilia a desenvolver a coordenação de pontos de vista, pois obriga os participantes a se colocarem no lugar do adversário e preverem os esquemas que serão utilizados.

- **Objetivos**: socializar e articular conteúdo e forma.
- **Noções e conceitos**: símbolos, uso do solo.
- **Habilidades:** relacionar, combinar, prever, associar, reunir conjuntos, pensar na perspectiva do outro, tomar decisões, conhecer,

entender e respeitar regras, planejar passos para alcançar um objetivo.

- **Materiais:** cartolinas (quatro cores diferentes), material de desenho, recortes de revistas e fôlder de propaganda.
- **Procedimentos**: selecione alguns objetos do cotidiano para serem representados. Recorte as cartolinas em retângulos do tamanho de um baralho.

  • A primeira carta do baralho terá o objeto desenhado ou retirado de algum fôlder de propaganda. Por exemplo: uma mochila.

  • A segunda carta do baralho terá o desenho de um símbolo icônico do objeto.

  • A terceira carta do baralho terá um símbolo abstrato. Por exemplo: uma figura geométrica.

  • A quarta carta terá o nome do objeto escrito. Os baralhos assim elaborados devem ser amontoados. Os participantes devem tentar montar um conjunto de quatro baralhos que tenha a combinação anteriormente relacionada. Os baralhos das figuras geométricas servem como curingas; uma vez que não há legenda, a escolha do significante é livre.
- **Avaliação**: avalie a situação do jogo; as crianças que conseguem montar o próprio conjunto estão relacionando o objeto e sua representação.

7.3 – Construção da noção de proporção

> Escala é a diferença proporcional entre a medida das distâncias do espaço real e a medida das distâncias no mapa.

A explicação anterior é abstrata para crianças de 6 a 10 anos e elas precisam vivenciar tais noções para construir o significado dos conceitos.

Algumas atividades lúdicas, como brincadeiras com carrinhos, garagens, bonecas e roupas de tamanhos diferentes, introduzem a noção de proporção que estrutura a elaboração do conceito de escala e, principalmente, possibilita calcular distâncias em mapas, considerando a relação entre as medidas do mapa e as medidas no espaço real.

Receitas culinárias são estruturantes também, pois sempre envolvem proporção. Você pode planejar o dia da cozinha com os alunos e fazer algum doce ou salgado, no qual entra uma medida de cada ingrediente (ovo, lata de leite condensado, pacote de coco ralado), por exemplo. Ao multiplicar um dos ingredientes, é necessário multiplicar todos os outros na mesma proporção para a receita ser um sucesso.

Você pode sugerir que seus alunos desenhem objetos em tamanho real, isto é, na escala 1:1 (a medida do desenho é igual à medida da realidade), ou seja 1 cm no desenho será 1 cm na realidade.

A mesma borracha pode ter as medidas de todos os seis lados divididas por 2 e a escala será 1:2, significando que cada lado da borracha teve as medidas divididas por 2. Para voltar à medida real, precisamos multiplicar cada medida por 2.

Podemos também introduzir a escala para ampliar o desenho da borracha. Por exemplo, se ampliarmos duas vezes a medida de cada lado, a escala será: 1:0,5, ou seja, cada medida do desenho deve ser multiplicada por 0,5, ou seguindo o raciocínio utilizado na ampliação de que cada medida seria multiplicada por 2 e invertendo a medida para chegarmos à medida real, podemos dividir por 2 (igual a multiplicar por 0,5).

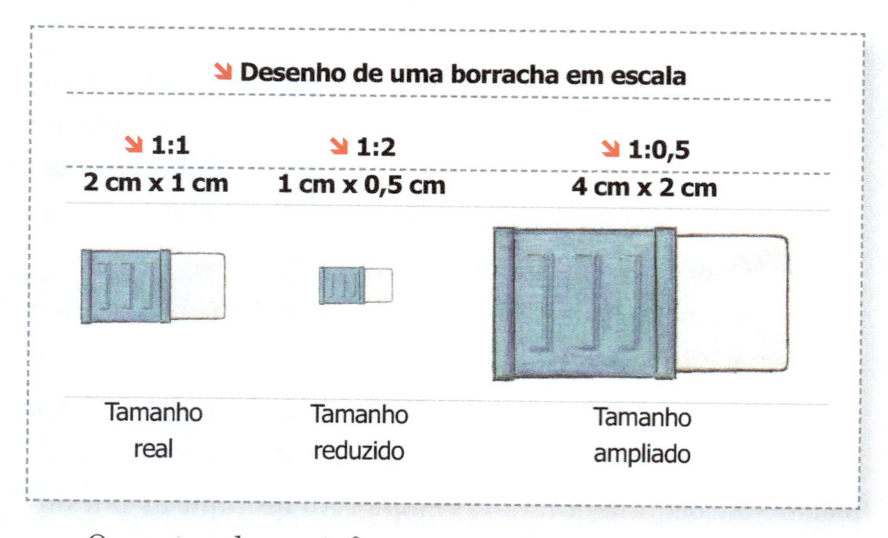

Os mapas devem informar a escala para o leitor converter as dimensões inseridas nele nas medidas do espaço real.

Ao medir a distância entre dois pontos em um mapa, é possível calcular a distância entre ambos no espaço real utilizando as informações sobre escala nesse mapa. Por exemplo, na escala 1:5.000, cada medida no mapa deve ser multiplicada por 5.000, pois as medidas do espaço real foram divididas 5.000 vezes para elaborar o mapa.

É importante que o trabalho com escalas permita que os alunos percebam a diferença entre representações de escalas maiores e menores. Por exemplo, devem entender que em uma escala de 1:100, percebemos os detalhes de uma sala de aula, de um quarto, casa, mas não conseguimos ver o espaço mais amplo no qual o espaço da sala está inserido. Um mapa de escala continental 1:60.000.000 não mostra detalhes, mas permite visualizar o continente. Portanto, precisam entender que a escolha da escala deve ser feita com cuidado, considerando-se os objetivos da função do mapa.

Quando queremos projetar os móveis de uma sala, naturalmente precisamos das dimensões das paredes dos cômodos e dos detalhes da localização das janelas e portas, devendo ser grande a escala (1:100). Cada parede será dividida por 100 e cada lado das mobílias também.

No entanto, para analisar a circulação das pessoas em um município, precisamos de um mapa de escala menor, que mostre o município, e não a sala de cada casa. Essas questões só podem ser percebidas pelos alunos por meio de várias comparações com mapas de diferentes escalas.

As sugestões a seguir procuram instigar a aprendizagem da noção de proporção para o desenvolvimento de habilidades para relacionar as dimensões representadas e as dimensões do espaço real representado.

Atividade 1 – Brincando com carros, garagens, bonecas e roupas

- **Objetivo:** desenvolver a noção de proporcionalidade e medidas equivalentes.
- **Noções e conceitos:** proporção.
- **Habilidades:** distinguir a redução proporcional da não proporcional.
- **Materiais:** garagens e carrinhos, bonecas e roupas em duas ou mais medidas diferentes.
- **Procedimentos:** os brinquedos anteriormente referidos ou outros, conforme a escolha dos alunos, devem estar disponíveis para que eles encontrem os pares de medidas proporcionais. Pode-se criar histórias para que os alunos percebam que se a proporcionalidade não for mantida na diminuição ou na ampliação, haverá deformações. A história da Branca de Neve é apropriada a essa finalidade.
- **Avaliação:** ofereça moldes de roupas (gola, manga, saia, blusa em tamanhos P, M e G) para as crianças montarem a roupa. Pode-se também colocar uma maquete dividida em peças (paredes, teto, janelas etc.) para que as crianças montem a casa, também em três tamanhos diferentes.

Atividade 2 – Brincando com medidas

- **Objetivo:** familiarizar as crianças com diferentes instrumentos de medição, pré-aprendizagem para construção da noção de escala.
- **Noções e conceitos:** medidas equivalentes, medida-padrão.
- **Habilidades:** utilizar régua, trena e fita métrica.
- **Materiais:** régua, fita métrica, trena, papel, papel-quadriculado, lápis colorido, borracha, barbante.
- **Procedimentos:** meça as carteiras, a lousa, as paredes, a porta e as janelas da sala, utilizando cada um dos instrumentos de medição, e crie uma tabela de equivalência com passos, tênis etc.

Objeto medido	Fita métrica	Tênis	Passos	Palmo aberto
Parede Leste da sala	8 metros = 800 cm	32 tênis	10 passos abertos	32 palmos
Porta	80 cm	3 tênis e meio	1 passo aberto	4 palmos e meio
Carteira	60 cm	2 tênis e um pouco	1 passo aberto	3 palmos e meio

AS MEDIDAS ANTERIORES SÃO APROXIMADAS E VARIAM DE ACORDO COM A CRIANÇA E A FORMA COMO ELA APLICA OS INSTRUMENTOS.

- **Avaliação:** elabore uma fita de medição que utilize palmo, passos ou pés em vez de metros e centímetros. Utilize o novo instrumento para medir a sala de aula. Crie uma tabela de medidas equivalentes.

7.3

2

Atividade 3 – As escalas no mapa

- **Objetivo:** entender a noção de proporção.
- **Noções e conceitos:** escala, proporção.
- **Habilidades:** trabalhar com as escalas expressas nos mapas, comparar escalas e entender a relação entre a realidade e a representação.
- **Materiais:** mapas do Estado, do Brasil e do município.
- **Procedimento:** marque dois pontos (por exemplo, cidade A e cidade B) e meça a distância entre eles em mapas de escalas diferentes.

  Por exemplo, em um mapa de escala 1:7.000.000, a linha do Trópico de Capricórnio, no Estado do Paraná, mede 6,0 centímetros do limite Oeste com o Estado do Mato Grosso do Sul até o limite leste com o Estado de São Paulo.

Distância do Trópico de Capricórnio no Estado do Paraná entre a divisa com o Estado do Mato Grosso do Sul (ponto X) e o Estado de São Paulo (ponto Z)

Mapa	A	B
Título do mapa	Região Sul	Brasil (rede urbana)
Escala	1:7.000.000	1:25.000.000
Medida no mapa	6,0 cm	1,8 cm
Medida na realidade	420 km*	450 km

FERREIRA E MARTINELLI. ATLAS GEOGRÁFICO ILUSTRADO. P. 25 E 43.
* A DIFERENÇA DE 30 KM DEVE-SE À GENERALIZAÇÃO DAS MEDIDAS.

No mapa A, a escala é 1:7.000.000 (Ferreira e Martinelli, 2004). Essa informação significa que cada medida no espaço real foi reduzida 7.000.000 vezes para se desenhar todas as medidas no mapa. Para retornar ao espaço real, cada centímetro do mapa deve ser multiplicado 7.000.000 de vezes.

No mapa B com escala 1:25.000.000, o comprimento do Trópico de Capricórnio entre aqueles mesmos dois pontos foi de 1,8 cm. O que isso significa?

Como a escala do mapa é 1:25.000.000, significa que cada centímetro do mapa equivale a 25.000.000 centímetros no espaço real. Como medimos 1,8 cm no Trópico de Capricórnio entre aqueles dois pontos, vamos fazer novamente a transformação para a medida real:

Conversão de medidas equivalentes

Mapa A – Região Sul	Mapa B – Brasil – Rede Urbana
Escala 1:7.000.000	Escala 1:25.000.000
6,0 cm x 7.000.000 = 42.000.000 cm na realidade	1,8 cm x 25.000.000 = 45.000.000 cm na realidade
42.000.000 cm equivalem a 420.000 m	45.000.000 cm equivalem a 450.000 m
420.000 m equivalem a 420 km	450.000 m equivalem a 450 km

Significa que a distância entre os dois pontos é de 420 km a 450 km. A diferença de 30 km deve-se à generalização das medidas.

Os alunos podem perceber que utilizamos diferentes escalas (redução proporcional) a partir de uma mesma medida da realidade. Escolhemos a escala conforme os objetivos do mapa: ver detalhes ou a informação de um espaço em suas relações com espaços mais amplos.

- **Avaliação:** escolha dois pontos conhecidos no mapa do município de vocês para medir a distância em centímetros. Veja a escala do mapa e calcule a distância na realidade. As crianças podem avaliar se essa distância é boa para caminhar, andar de bicicleta ou se é muito distante.

Atividade 4 – Trabalhando com escalas no desenho da mão

- **Objetivo:** perceber a necessidade de se manter a proporção para não haver deformação.
- **Noções e conceitos:** escala, diferença proporcional.
- **Habilidades:** trabalhar diferentes escalas, aplicar uma determinada escala da realidade para a representação e vice-versa.
- **Materiais:** régua e papel para desenho.
- **Procedimentos:** cada aluno deve fazer o desenho da própria mão em uma folha de papel. Em seguida, deve quadricular o desenho da mão (uma medida boa é de 2 cm em 2 cm). Um outro papel deve ser quadriculado de 1 cm em 1 cm. O aluno deve passar os traçados da mão de cada quadrado de 2 cm por 2 cm para cada quadrado de 1 cm x 1 cm do outro papel. Meça o comprimento da mão do primeiro desenho (por exemplo, pode ser 18 cm) e o comprimento no segundo desenho.
  O comprimento de 18 cm na parte mais longa da mão é do desenho na escala 1:1. No desenho menor, o desenho terá 9 cm de comprimento, pois a escala é de 1:2, ou seja, cada medida da mão foi dividida por 2 no desenho 2.
- **Avaliação:** proponha aos alunos que inventem uma história com erro de escala na relação carro e garagem, mobília e casa, *playground* e brinquedos.

Desenho 1

Desenhe a mão em papel-sulfite branco e quadricule o desenho de 2 cm x 2 cm

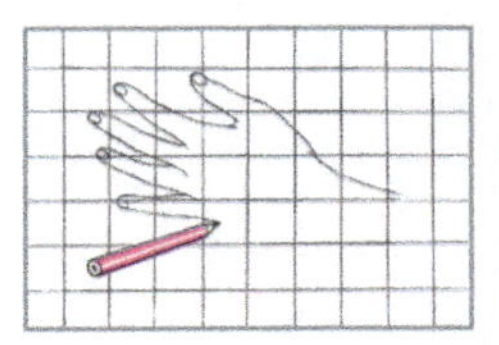

7.3

4

Desenho 2

Passe o desenho para o papel-quadriculado de 1 cm x 1 cm

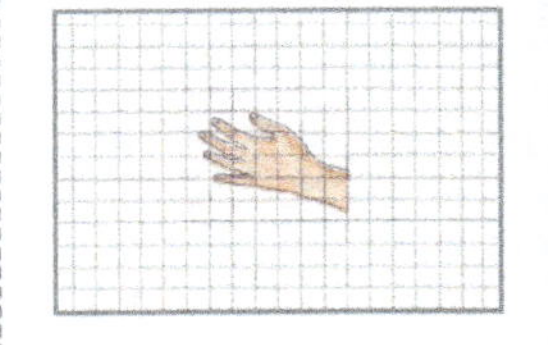

Atividade 5 – Comparando mapas de escalas diferentes

- **Objetivo:** perceber que mapas ou plantas de escala grande (ex.: 1:100) mostram mais detalhes, porém cobrem uma área menor. Mapas de escala pequena (ex.: 1:25.000.000) mostram menos detalhes e cobrem espaços mais amplos, por exemplo, um país ou continente.
- **Noções e conceitos:** escala geográfica e escala cartográfica, inclusão, generalização cartográfica.
- **Habilidades:** ler e ver informações e suas associações em mapas de escalas diferentes.
- **Materiais:** mapas de escalas diferentes: páginas iniciais de mundo, do Brasil, do Estado e do município de um atlas.
- **Procedimentos:** efetue a leitura comparativa de algumas informações presentes nos mapas do mundo, do Brasil, do Estado e do município: fronteiras, divisas, rios, nome das cidades etc. Os alunos vão perceber que as mesmas informações são representadas de formas diversas conforme a escala do mapa. Peça a eles que comparem a forma como o município está representado no mapa do mundo (em uma escala 1:90.000.000, por exemplo) e como pode ser representado com detalhes em uma escala 1:230.000. Para ver as ruas e praças, a escala teria de ser 1:580.000. A necessidade de escolhermos

um mapa com escala adequada para cada objetivo fica clara no estudo da representação do lixo em rios e sua classificação. Neste caso por exemplo, pode-se usar uma escala de 1:20 (escala grande) que permite visualizar detalhes de cada objeto, diferenciá-los e classificá-los. Para se discutir o problema do lixo nos córregos do bairro, uma escala adequada seria 1:2.000 e para possibilitar a visão da extensão da bacia dos rios que drenam o município, a escala pode ser 1:200.000. No entanto, para acompanhar o caminho do lixo em uma bacia, como, por exemplo, a bacia do rio Paraná, a escala teria de ser menor, por exemplo, 1: 2.000.000.

Sabemos que ao ser lançado nos rios e/ou nos oceanos, o lixo entra na circulação das correntes marítimas. Para melhor visualização dessa situação, um mapa-múndi de escala menor, como, por exemplo, 1:150.000.000 é mais adequado.

➘ **Avaliação**: desafie seus alunos a representarem as duas histórias: A – as crianças querem melhorar a colocação dos brinquedos no *playground*. B – as crianças querem fazer o mapeamento do caminho percorrido por uma garrafa com mensagem para crianças do Japão.

O desenho do *playground* pode ser na escala 1:100 e o mapeamento do caminho da garrafa deve ser em um mapa-múndi na escala 1:150.000.000.

Atividade 6 – Utilizando escala para desenhar

- **Objetivos:** entender e aplicar o conceito de escala. Entender que a forma não se altera em objetos de escalas diferentes.
- **Noções e conceitos:** escala, proporção, medidas equivalentes.
- **Habilidades:** relacionar medidas no mapa e medidas reais.
- **Materiais:** objetos mensuráveis do uso cotidiano, como estojo, régua, caderno, relógio etc.
- **Procedimentos:** os alunos podem escolher um objeto do estojo ou o próprio estojo. Devem desenhá-lo mantendo a medida real, ou seja, a escala 1:1. Devem fazer uma tabela com as medidas reais para cada lado do objeto. Reduzir as medidas ao meio, ou seja, dividir por 2 e estabelecer a nova medida para cada lado do objeto e desenhar o objeto novamente, utilizando as medidas reduzidas. Acrescentar uma outra coluna, reduzir a medida original em 4 e desenhar o objeto com as novas medidas. Deverão observar que a forma permaneceu a mesma porque todos os lados do objeto foram reduzidos na mesma proporção.

  Por exemplo, o resultado pode ser assim:

Objeto	Medida real	Escala 1:1	Escala 1:2	Escala 1:4	Escala 1:10
Estojo	5 cm x 20 cm	5 cm x 20 cm	2,5 cm x 10 cm	1,25 cm x 5 cm	0,5 cm x 2 cm
Caderno	16 cm x 20 cm	16 cm x 20 cm	8 cm x 10 cm	4 cm x 5 cm	1,6 cm x 2 cm
Atlas	30 cm x 20 cm	30 cm x 20 cm	15 cm x 10 cm	7,5 cm x 5 cm	3 cm x 2 cm

Avaliação: o aluno deve escolher um outro objeto, desenhá-lo utilizando duas escalas e comparar a forma dos dois desenhos.

Atividade 7 – Medindo a sala de aula

- **Objetivo:** aplicar e compreender a noção de proporção.
- **Noções e conceitos:** proporção, medidas equivalentes.
- **Habilidades:** medir e transformar as medidas em escalas diferentes.
- **Materiais:** barbante, material de desenho.
- **Procedimentos:** embora os alunos conheçam o espaço da sala de aula, solicite a eles que caminhem por ela para uma observação preliminar de suas dimensões. Em seguida, em pares, eles devem esticar o barbante no chão e recortá-lo no comprimento total de cada lado da sala. É aconselhável identificar cada um dos barbantes com o lado da sala que ele representa, como parede da porta, parede dos fundos, parede das janelas, parede da lousa etc. Seria muito construtivo se fossem aplicadas as direções cardeais da atividade anterior: parede Leste, parede Oeste, e assim por diante. O barbante deve ser dobrado até ficar na dimensão desenhável em papel-sulfite. Os alunos devem verificar quantas vezes o barbante foi dobrado para que todos os outros lados tenham a mesma redução (dobrar a mesma quantidade de vezes). Pergunte aos alunos

quantas vezes eles dobraram o barbante e registre a escala. Por exemplo, 1:8, ou seja, cada barbante que representa o comprimento de uma determinada parede foi dobrado oito vezes para ser desenhado no papel-sulfite. Para retornar à medida real, cada medida do barbante deve ser multiplicada oito vezes.

- **Avaliação:** escreva a escala do desenho da sala de aula utilizando o barbante.

7.4 – *Tridimensionalidade e bidimensionalidade na representação do relevo*

Relevo é um conceito complexo para crianças de 6 a 9 anos de idade e efetuar a leitura de um mapa de relevo exige muita abstração. Podemos caminhar em um terreno de relevo uniforme, sem ladeiras, sem subir nem descer, uma paisagem monótona sem-fim. Algumas pessoas vivem às margens de córregos e têm a rotina modificada com o avanço das águas na época das enchentes. A altitude do terreno pode influenciar o modo de vida delas. É importante que os alunos estabeleçam a relação entre a vida das pessoas e as formas de relevo. Ouvimos muitas pessoas reclamarem que a subida é "árdua" e que preferem a descida.

O mapa tem um complicador: a representação bidimensional de uma realidade tridimensional. Portanto, antes de iniciar a leitura de mapas, é importante que os alunos consigam sentir o relevo: caminhar, observar, ver, desenhar. É equivocado pensar que quando o relevo não é acidentado, não há relevo. Há planícies ou planaltos de relevo bastante monótono nos quais a planura segue sem alteração de altitude por quilômetros. Mas é uma forma de relevo.

Uma professora da Escola Municipal Renato Bernardes, de Maringá, observou com os alunos o relevo visualizado da escola antes de iniciar um trabalho com mapa e maquete do relevo.

Elaborar um mapa bidimensional de uma realidade tridimensional é uma das mais complexas tarefas. O mapa tem largura e comprimento, sendo, portanto, bidimensional.

Foto tirada pela professora Maria Helena Tsujimoto, em 2009.

A realidade é tridimensional porque, além da largura e do comprimento, apresenta também a altura, a terceira dimensão. Essa complexidade pode ser trabalhada com um modelo tridimensional para o aluno conseguir relacionar essas duas dimensões na representação do relevo.

Atividade 1 – Brincando com blocos – Pré-aprendizagem para o estudo do relevo e curvas de nível

- **Objetivo:** entender a representação bidimensional dos mapas de relevo.
- **Noções e conceitos**: relevo, tridimensionalidade, bidimensionalidade, curvas de nível.
- **Habilidades**: representar e ler representações de relevo.
- **Material:** modelo de isopor impermeabilizado e fatiado.
- **Procedimentos:** efetue a montagem de um morro com placas de isopor. As fatias podem ser cobertas com tinta plástica ou epóxi para ficarem impermeáveis e fáceis de serem manuseadas. Quatro fatias são suficientes para os alunos visualizarem a relação entre o bloco tridimensional e o desenho bidimensional.

  As fatias são separáveis, possibilitando aos alunos manusear cada uma delas, desenhar e montar, de um lado, o relevo tridimensional e, de outro, sua representação bidimensional, formando aos poucos um mapa com as curvas de nível.

  Inicialmente, desenha-se o contorno da fatia maior do bloco (vide A-I e A-II). Retira-se essa fatia e procede-se ao segundo desenho (vide B-I e B-II) e assim por diante. Concluído o trabalho, os alunos terão lado a lado as representações tridimensional e bidimensional. No último desenho (D-II) é possível visualizar as curvas de nível que são as linhas desenhadas unindo pontos de mesma altitude.

- **Avaliação:** utilize outros materiais como batata, maçã ou um modelo em argila para os alunos fatiarem e montarem as duas representações, bidimensional e tridimensional, e interpretar as formas de relevo, como íngreme, suave, topo etc.

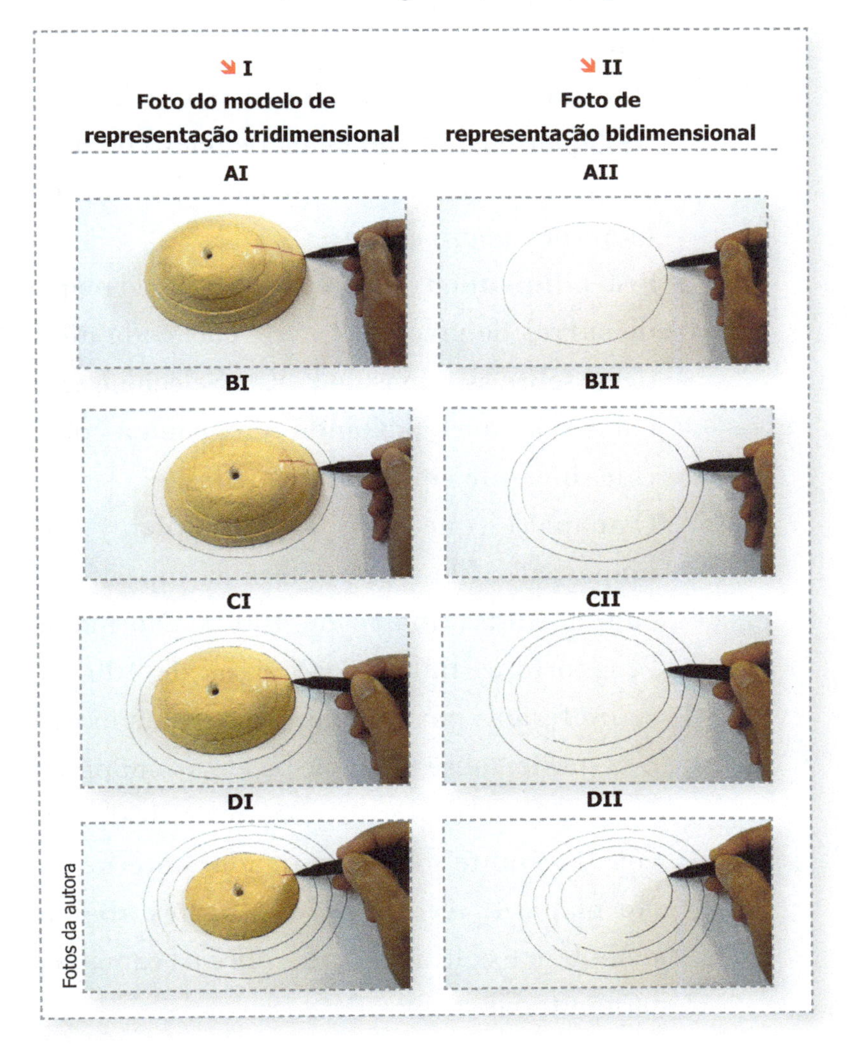

Atividade 2 – Maquete de relevo – Exemplo de Maringá

- **Objetivo**: visualizar o relevo nas representações bidimensional e tridimensional.
- **Noções e conceitos**: altitude, declividade, curvas de nível.
- **Habilidades:** ler e representar o relevo.
- **Materiais:** folhas E.V.A. (quatro cores diferentes), quatro cópias do mapa de relevo do município com curvas de nível traçadas, canetas hidrocor (quatro cores).
- **Procedimentos:** numere cada cópia do mapa de curvas de nível de 1 a 4 e cole cada uma delas sobre as folhas de E.V.A. Selecione três curvas de nível, passando uma caneta colorida diferente em cada uma delas.

  O mapa 1 (que deve ficar completo) é o mapa-base. Ele representará as superfícies com altitudes abaixo de 400 m. No mapa 2, recorte as linhas das curvas de 400 m, retire fora as partes abaixo de 400 m e cole o restante sobre o mapa-base. No mapa 3, recorte fora as partes abaixo de 480 m e cole o restante sobre as camadas anteriores. No mapa 4, recorte fora as partes abaixo de 560 m e cole o restante sobre as camadas já montadas.

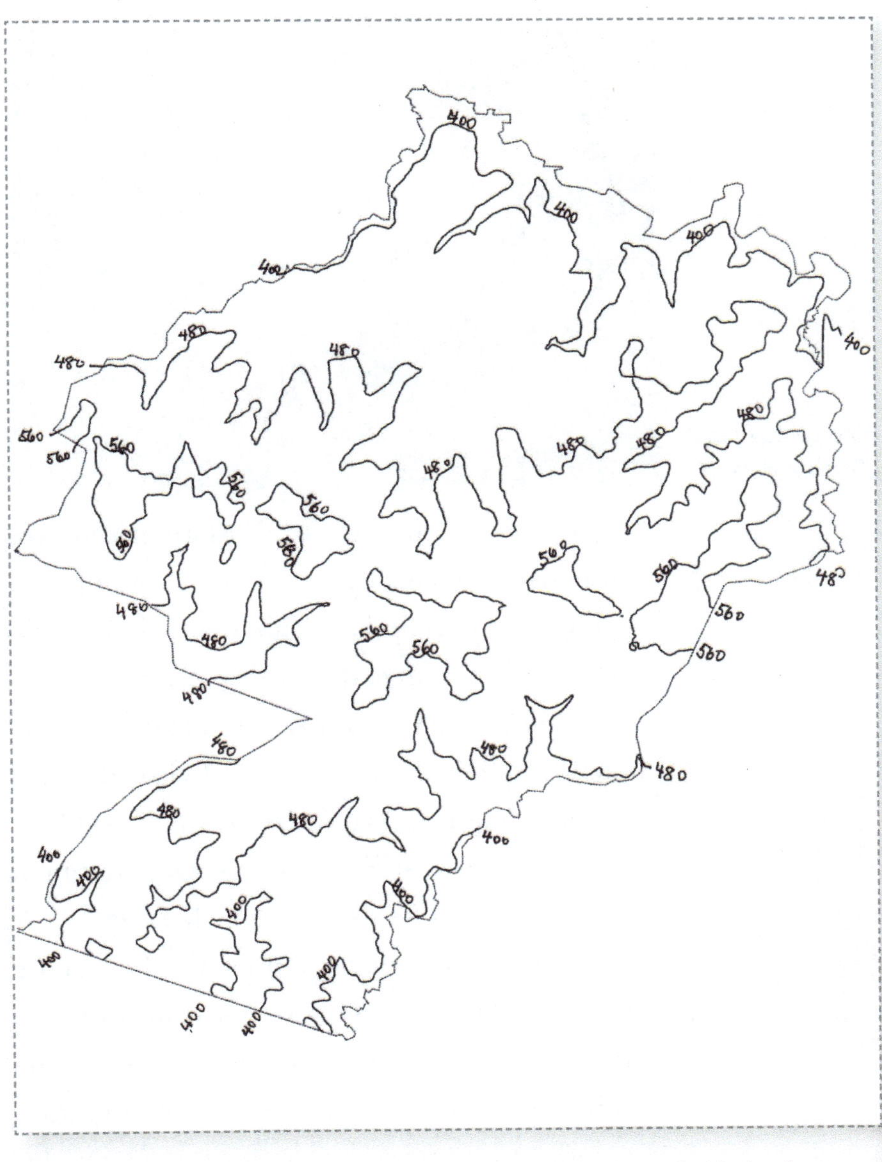

Mapa de Maringá com curvas de nível – Base para a construção da maquete de relevo.

Foto cedida pela professora Helena.

Você representou o relevo (de Maringá) em três dimensões e consegue ver agora como é o relevo do município. A elaboração da legenda da maquete, com cada cor das próprias folhas do E.V.A., para expressar as altitudes pode facilitar a leitura do mapa. O divisor de água da bacia do rio Pirapó e do rio Ivaí pode ser marcado com um símbolo e colocado também na legenda: ++++++ = divisor de águas.

- **Avaliação**: marque os pontos A e B no mapa de sua cidade e solicite a seus alunos que simulem um passeio descrevendo as ruas que sobem e descem para verificar se assimilaram o conceito e conseguem sentir o relevo ao ler o mapa.

Atividade 3 – Relevo e rios

O trabalho com a maquete do relevo possibilitará aos alunos perceberem que as formas do relevo podem direcionar as águas dos rios.

Após a sobreposição das placas, a maquete deve ser utilizada para inserir os rios, que podem ser traçados colando-se um barbante ou lã. É possível visualizar a drenagem de Maringá: bacias do rio Pirapó e do rio Ivaí.

Convém lembrar que um curso de água surge em pontos de falha, no contato entre camadas da zona saturada e da subsaturada, quando inicia sua trajetória em direção a terrenos mais baixos.

Os rios provocam erosões e sedimentações em suas margens. Nos terrenos de relevo mais acidentado, as águas correm com maior velocidade, podendo haver quedas-d'água, cachoeiras ou corredeiras, e nos terrenos de relevo mais plano, a água descreve curvas e meandros.

Foto da autora

- **Objetivo:** construir noção de bacias hidrográficas e drenagens.
- **Noções e conceitos**: relevo, drenagem, direção de rio, divisor de água.
- **Habilidades:** observar e associar as formas de relevo e da drenagem de rios.
- **Materiais:** maquete de relevo do município elaborado na atividade anterior e mapa da rede de drenagem do município.
- **Procedimentos**: coloque a maquete e o mapa de rios lado a lado. Solicite aos alunos que percorram os córregos do mapa com o dedo da nascente à foz. Eles perceberão que os afluentes do rio Pirapó dirigem-se para o Norte e os afluentes do rio Ivaí, para o Sul. Peça a eles que marquem as nascentes dos rios das duas bacias. As marcas das nascentes dos afluentes do rio Pirapó e das nascentes dos afluentes do rio Ivaí ficam próximas e temos aí o divisor de águas, a parte mais elevada da cidade de onde saem os córregos em direção às partes mais baixas.
  Os alunos podem localizar as nascentes dos córregos na maquete e identificar o divisor de águas.
- **Avaliação**: marque dois pontos no mapa de rios do município e peça aos alunos que elaborem um texto com a descrição de um passeio de barco a remo entre os dois pontos. Eles deverão decidir a direção do rio, ou seja, o ponto alto para o ponto baixo, e não o contrário, pois remar contra a correnteza é muito difícil.

7.5 – *Coordenadas geográficas*

As informações das coordenadas geográficas (latitude e longitude) de um lugar são muito importantes para a localização precisa de um ponto na superfície da Terra. No entanto, trata-se de uma noção bastante complexa e abstrata para alunos dos anos iniciais do Ensino Fundamental. A indicação de que as coordenadas geográficas de Maringá são 23º15´ de Latitude Sul e 51º 50´ de Longitude Oeste certamente nada significa para eles.

A associação de endereços, com rua e número, às coordenadas geográficas pode ajudar os alunos a entenderem que a latitude e a longitude são o endereço de um ponto na Terra.

As latitudes são medidas em graus a partir da linha do Equador, com 0º, e aumentam em direção ao Polo Norte e ao

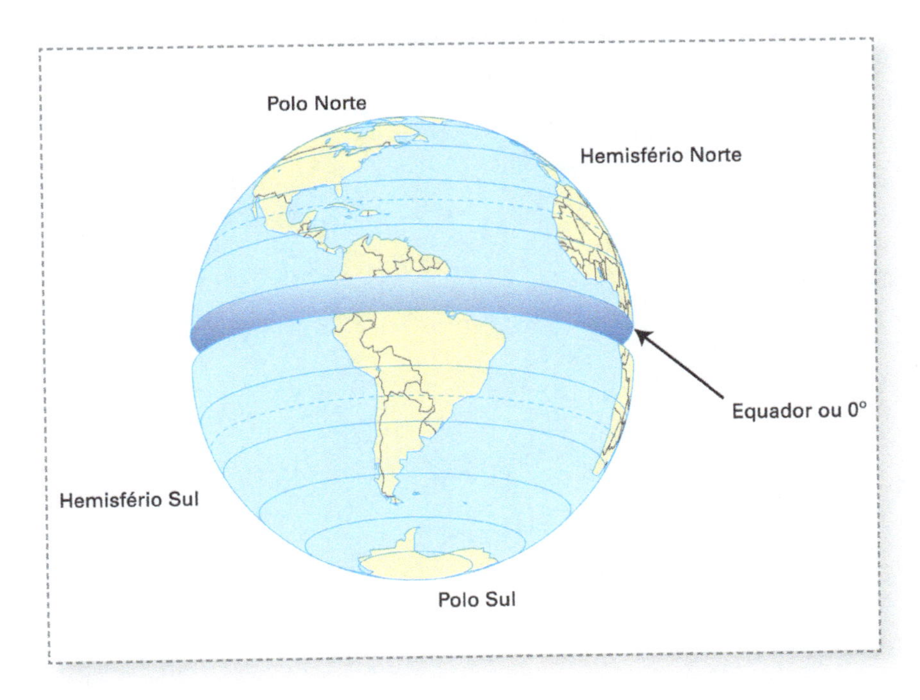

Polo Sul, onde as latitudes são de 90º Norte (Polo Norte) e 90º Sul (Polo Sul), formando, dessa forma, um ângulo reto entre os dois pontos: o Equador e os polos.

Para esclarecer melhor este tópico, devemos iniciar o trabalho com a noção de hemisfério: metade da esfera. A metade da esfera ao Norte do Equador é o Hemisfério Norte e a metade da esfera ao Sul do Equador é o Hemisfério Sul.

No entanto, existem outras duas metades: Hemisfério Leste e Hemisfério Oeste. Nesse caso, a divisão é no meridiano inicial, principal ou de Greenwich, que passa por Londres até o antimeridiano, que é marcado pela longitude 180º.

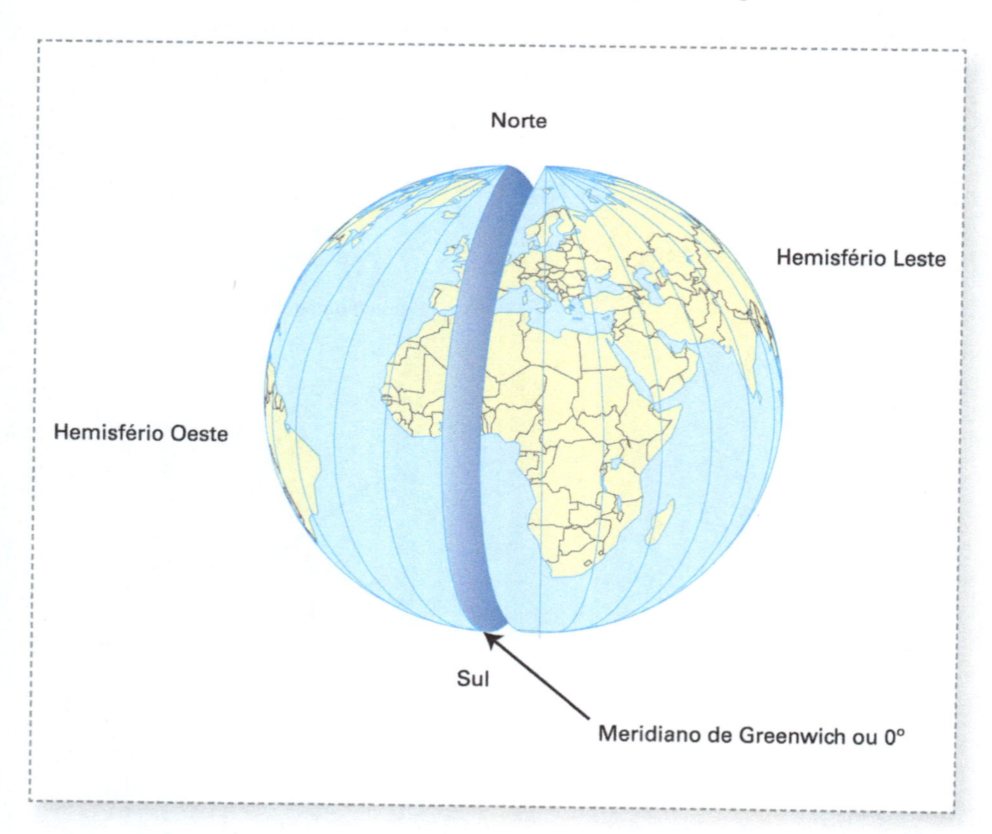

Naturalmente, trata-se de abstrações, pois a Terra é o que é, e as pessoas moram em seus lugares, país, município, bairro, casa. Como explicar para uma criança que aqui são 8 horas e em outro lugar é outra hora?

Com o movimento de rotação, vimos que uma parte da Terra fica voltada para o Sol, vivendo o dia, e a outra parte fica no escuro, vivendo a noite. Lugares de diferentes longitudes têm horas diferentes.

Fusos horários são faixas da Terra criadas para calcular a diferença de horas de um lugar a outro.

A circunferência da Terra tem 360° e ela leva 24 horas para completar o movimento de rotação. Dividindo-se 360° por 24, teremos 15° que é a medida de cada fuso horário. Portanto, se a diferença entre o ponto A e o ponto B for de 30°, a diferença de tempo entre esses dois pontos será de 2 horas. Se o ponto B estiver a Leste do ponto A, serão 2 horas a mais, ou seja, o ponto B estará 2 horas adiantado. Se o ponto B estiver a Oeste, essas 2 horas estarão atrasadas em relação ao ponto A.

Na atualidade, em razão das notícias veiculadas pela mídia, principalmente por ocasião de eventos como a Copa do Mundo, Olimpíadas, entre outros transmitidos ao vivo, as noções de diferença de horas são vivenciadas. Tais vivências concretas são significativas e mais claras que o cálculo de diferença das horas.

O mapa-múndi do atlas e livros didáticos trazem informações dos fusos horários fixas, como se pode verificar a seguir:

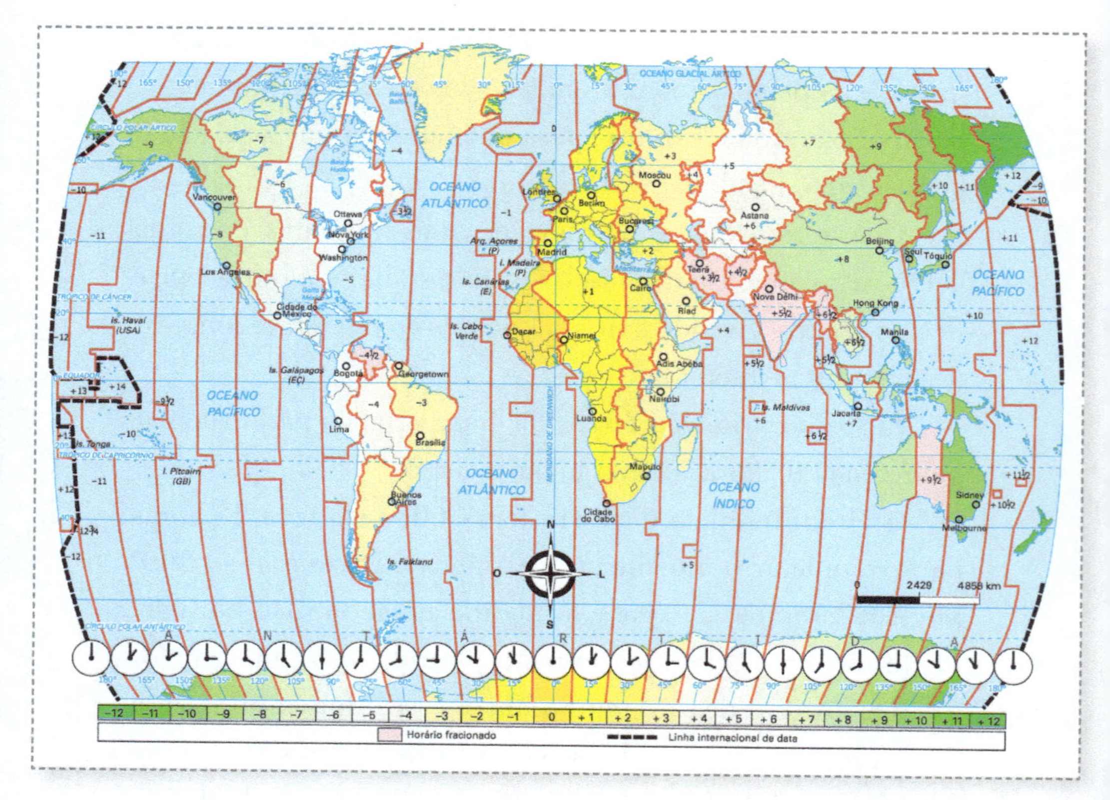

O mapa anterior mostra o mundo plano (bidimensional) com a divisão em fusos horários. É possível ler a informação de que a cada 15º, há alteração de 1 hora. O referido mapa traz um complicador, pois a diferença de horas não é fixa, como consta no mapa. Ela depende de dois pontos e não deve ter sempre a referência de longitude de 0º em Greenwich.

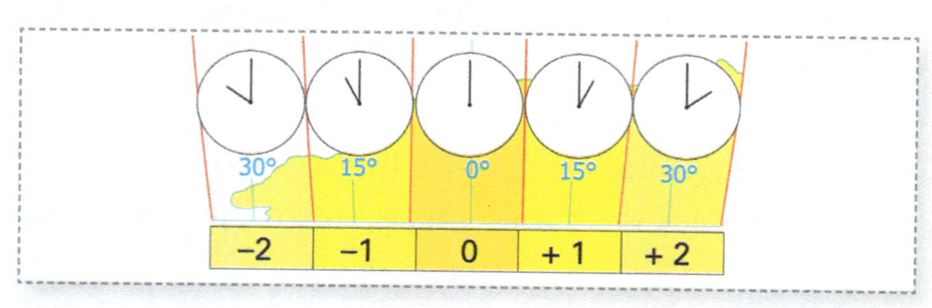

Como os alunos entenderão a diferença de horas entre um local de 30º W e 30º E? Ficarão confusos em razão dos sinais negativo e positivo da faixa colocada no mapa-múndi.

Para as crianças conseguirem transitar de Oeste para Leste e vice-versa, calculando a diferença de horas, uma faixa móvel seria mais clara:

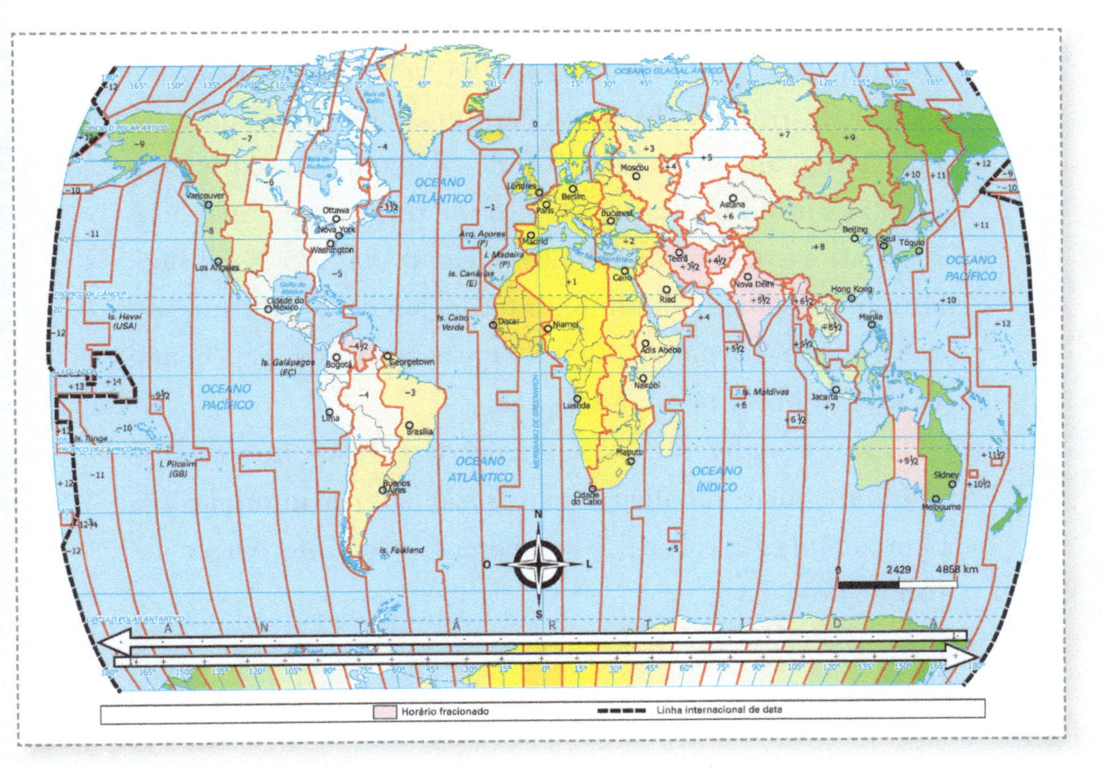

O antimeridiano aparece duas vezes no planisfério (mapa do mundo no plano), a 180º seguindo para Leste e a 180º seguindo para Oeste. Partindo do meridiano de Greenwich, que marca 0º de longitude, a longitude aumenta para Leste e para Oeste, acompanhada da letra L ou E (leste ou *east*) e O ou W (oeste ou *west*) até 180º.

No entanto, quando pensamos em fusos horários, tudo se complica, pois o antimeridiano é também o meridiano da mudança internacional da data. Vamos tratar desse tema oportunamente, pois fusos horários, que é um conceito que envolve relação, são muito complexos para alunos dos anos iniciais do Ensino Fundamental.

Para entender a linha internacional da data, a ficção científica de Júlio Verne (*A volta ao mundo em 80 dias*) pode ser ilustrativa. Divida os capítulos desse livro para os alunos lerem um por aula, deixando-os explicar o sentido da viagem, a aposta realizada, os meios de transporte utilizados, dificuldades e diferenças culturais encontradas etc. No último capítulo, o problema da linha internacional da data surgirá como um impasse para avaliar a aposta realizada. Veja como seus alunos interpretam a questão.

Para entender latitude, longitude e fusos horários, é importante saber trabalhar com o cruzamento de informações, da horizontal e da vertical, e compor a terceira informação no cruzamento delas.

Atividade 1 – Arrumando a estante – Pré-aprendizagem para o estudo das coordenadas

- **Objetivo:** desenvolver noção de coordenadas geográficas: latitude e longitude.
- **Noções e conceitos**: localização, horizontal, vertical.
- **Habilidades**: identificar e localizar um ponto no cruzamento da horizontal e vertical.
- **Materiais**: prateleiras da sala, da biblioteca ou desenho de armários de cozinha, roupas etc.
- **Procedimentos**: organize uma estante para os alunos guardarem os materiais de trabalho, tendo como referência as cores (na horizontal) e as formas (na vertical), por exemplo.

Cores e formas	Branco	Azul	Multicolorido	Preto
Retângulos	Borracha; papel-sulfite	Caderno	Estojo; cartolinas; livro; atlas	
Cilindros		Caneta		Lápis
Quadrados			Papéis de dobradura	
Outras				

Uma atividade alternativa é organizar materiais ou arrumar outros objetos, como os itens pessoais dos alunos: mochila, casaco, lancheira etc.

- **Avaliação**: os alunos podem desenhar armários para diferentes objetos organizados, de forma a ter a combinação entre as categorias na horizontal e na vertical: cores e formas, formas e tamanhos etc.

Atividade 2 – Dividindo o globo terrestre

- **Objetivo:** desenvolver a noção de coordenadas geográficas e estruturar a elaboração das noções de latitude e longitude, hemisférios e polos.
- **Noções e conceitos**: hemisférios.
- **Habilidades:** distinguir o Hemisfério Norte do Hemisfério Sul, utilizando o Equador como referência.
- **Materiais:** esfera de isopor dividida ao meio, globo terrestre, fitas coloridas, fita-crepe, lupa.

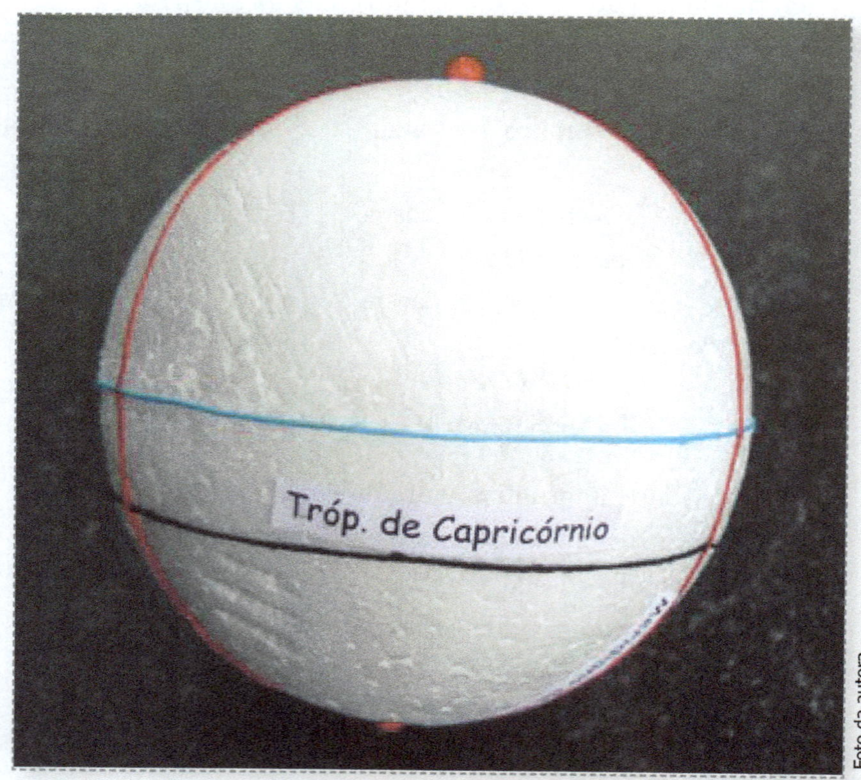

Foto da autora

- **Procedimentos:** dê um globo terrestre e uma bola de isopor dividida ao meio (conforme modelo) para cada grupo de quatro a cinco alunos e, em seguida, separe as metades da esfera de isopor. Peça para cada grupo que encontre no globo terrestre a linha que divide a Terra ao meio e passe o dedo nessa linha que se chama Equador. Os alunos deverão afixar uma fita colorida na linha do Equador para que fique bem visível.

  Pegue novamente a bola de isopor e em uma metade escreva Hemisfério Norte e na outra Hemisfério Sul. Faça seus alunos colarem uma fita-crepe com esses nomes nas respectivas metades do globo. Os alunos podem fazer viagens imaginárias pelo globo determinando o hemisfério dos países por onde passam. Aproxime uma lupa para ver melhor o seu município e o hemisfério onde se localiza. Essa constatação é importante para que seus alunos entendam que moram simultaneamente em um município, em um Estado, no Brasil e também no mundo.
- **Avaliação:** entregue uma esfera de isopor para que seus alunos risquem nela o Equador, marquem o Hemisfério Norte e o Hemisfério Sul e coloquem um adesivo que represente o seu município no devido hemisfério.

Atividade 3 – Quantas linhas há no globo?

- **Objetivo**: pré-aprendizagem para ler as coordenadas.
- **Noções e conceitos**: paralelos, meridianos, Equador, Trópico de Câncer, Trópico de Capricórnio, Círculo Polar Ártico, Círculo Polar Antártico, latitude e longitude.
- **Habilidades:** reconhecer os paralelos e meridianos presentes nas representações como linhas imaginárias.
- **Materiais**: globo terrestre, planisférios, atlas.
- **Procedimentos:** dê um globo terrestre (o maior possível) para cada grupo com quatro a cinco alunos. Peça a eles que passem o dedo nas linhas horizontais em toda a extensão para reconhecer as linhas paralelas e verificar a diferença de extensão delas e a existência da linha do Equador, a maior de todas elas.

  Tais identificações e nomeações devem ser reforçadas, visto que são referências para localização nas pesquisas e análise de fatos geográficos.

  Os alunos podem desenhar um círculo com as linhas paralelas, nomeando o Equador, Trópico de Capricórnio, Trópico de Câncer, Círculo Polar Ártico, Círculo Polar Antártico,

Polo Norte e Polo Sul como atividade de reforço. Essas linhas têm nomes e são referências importantes para dividir a Terra em zonas térmicas. Mas além delas, há outras que não possuem nome, e podemos traçar tantos paralelos e meridianos quantos necessitarmos.

Na segunda etapa, os alunos vão reconhecer e identificar os meridianos: peça a eles que passem o dedo nas linhas verticais, ou seja, os meridianos, que são traçados de polo a polo e, diferentemente dos paralelos, são todos do mesmo comprimento.

Na verdade, os paralelos e suas latitudes, os meridianos e suas longitudes são criações dos cientistas e navegadores para possibilitar a localização exata de um ponto na superfície da Terra. Sem essas informações, permaneceríamos utilizando referências topológicas: lá, perto de, aí, próximo ao rio etc. Essas referências topológicas nem sempre são aplicáveis em oceanos e desertos.

- **Avaliação:** no desenho do globo, reconheça as linhas e mostre a diferença entre os paralelos e meridianos, alguns países nas latitudes do Equador e Trópico de Capricórnio.

Atividade 4 – O globo e a grade de coordenadas

- **Objetivo:** identificar as medidas em graus na grade das coordenadas.
- **Noções e conceitos:** latitude e longitude.
- **Habilidades:** localizar-se no globo e no mapa utilizando a grade da latitude e da longitude.
- **Materiais:** globo terrestre, bola de isopor com paralelos e meridianos.
- **Procedimentos:** mostre o globo com suas linhas. Peça aos alunos que identifiquem os números que as linhas mostram (na horizontal,

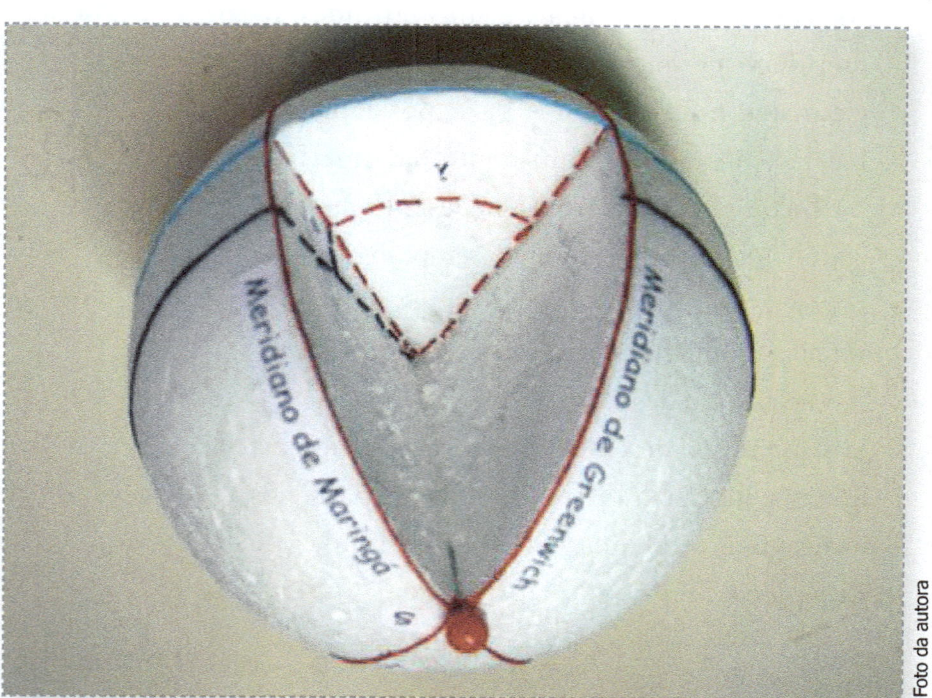

Foto da autora

há as latitudes, e na vertical, as longitudes). Para compreenderem melhor a latitude como medida em graus, peça a eles que utilizem a bola de isopor com recorte no ângulo formado pelo Equador e o Trópico de Capricórnio e comparem a latitude da bola de isopor com a do globo terrestre.

Peça a cada aluno que mostre o ponto onde estamos (município onde eles moram e onde a escola se localiza) e coloque uma marca. Simule viagens cruzando o Equador, o Trópico de Capricórnio, travessias de oeste a leste e vice-versa com a participação dos alunos, que ajudarão a reconhecer países, oceanos, cidades etc.

- **Avaliação**: serão dadas a latitude e a longitude de um ponto e, com o auxílio de um planisfério, os alunos citarão o nome da cidade.

Atividade 5 – Teleguiados no pátio

- **Objetivo:** pré-aprendizagem para entender latitude e longitude.
- **Noções e conceitos**: horizontal, vertical, ponto de cruzamento com a terceira informação.
- **Habilidades**: aprender a lidar com cruzamento de informações.
- **Materiais:** giz, carvão ou tinta para riscar o chão do pátio, trena e cartões para inserir as coordenadas.
- **Procedimentos:** faça dois quadrados de 25 m² (5 m x 5 m), dividindo cada um deles com quadriculados de 1 m por 1 m. Numere cada quadrado de 1 a 5 na linha vertical e insira letras (A a E) na linha horizontal ou vice-versa. Divida a classe em dois grupos, os quais deverão escolher seus localizadores e orientadores da localização. Cada orientador dá uma posição e o outro grupo deve se movimentar rapidamente para encontrar o ponto. Por exemplo: A-4, E-3 etc. Vence o grupo que conseguir preencher mais rapidamente o próprio quadrado.

  Essa atividade permite ao orientado treinar habilidades para raciocinar em termos da direção ditada e utilizar o quadriculado para caminhar, desenvolvendo raciocínio espacial projetivo. Utilizando o quadriculado

	A	B	C	D	E	
1						
2						
3					o	
4	x					
5						

	A	B	C	D	E	
1						
2						
3						
4						
5						

e a direção dada como informação para dar os próprios passos, o aluno desenvolve também a capacidade de articular duas informações e encontrar no ponto do cruzamento delas a terceira informação. Para o orientador, o desenvolvimento da coordenação de pontos de vista ocorre à medida que ele deve se colocar no lugar do orientado para dar os comandos.

- **Avaliação:** realize esta tarefa em papel, modificando os identificadores da localização.

Atividade 6 – Qual a cidade?

- **Objetivo:** aplicação e reforço da aprendizagem de latitude e longitude em um mapa.
- **Noções e conceitos:** latitude e longitude.
- **Habilidades:** localizar-se no mapa utilizando a grade da latitude e da longitude.
- **Materiais:** cópia de planisfério com a grade das coordenadas para cada grupo, cartolinas em duas cores diferentes recortadas como baralho e um planisfério mural com as coordenadas.
- **Procedimentos**: a classe será dividida em dois grupos e cada um deles deverá escolher um monte de cartolinas recortadas na forma de baralhos dispostos na mesa. Cada grupo deverá elaborar um par de cartas, colocando em cada uma a indicação da latitude e longitude de cidades e, no seu par, o nome de cada cidade dessas coordenadas. No planisfério colocado no chão da sala, cada grupo retirará um baralho com as coordenadas e o colocará sobre o planisfério, na localização exata do cruzamento da latitude e longitude indicada no cartão. O outro grupo deverá buscar o baralho com o nome da cidade. Os dois grupos deverão se alternar na tarefa e vencerá o grupo que conseguir colocar todas as cartas. Caso um grupo não consiga realizar a tarefa, poderá

passar a incumbência para o grupo adversário, que poderá substituir um de seus baralhos por aquele do grupo adversário.

As regras podem ser modificadas pelo grupo, pois o objetivo é que esta atividade lúdica possibilite aos alunos vivenciarem a necessidade de localizar um ponto na superfície da Terra, utilizando o cruzamento de duas informações: a latitude e a longitude do lugar.

- **Avaliação:** serão dadas a latitude e a longitude de um ponto e, com o auxílio de um planisfério, os alunos citarão o nome da cidade.

Capítulo 8
Gráficos: levantamento e tratamento de dados

8.1 – *Fazer e entender*

A elaboração de gráficos ultrapassa a preocupação técnica de seu traçado, pois na atualidade temos programas e recursos para realizá-los. É considerada pelos estudiosos (Bertin, 1986; Gimeno, 1980; Martinelli, 1991; Passini, 1996; entre outros) um método, porque deve ser praticada como vivência de situações de pesquisa e descoberta. A aprendizagem dos procedimentos de coleta e sistematização de dados desperta o desenvolvimento da inteligência e de atitudes de pesquisa, uma aprendizagem mais rica do que a acumulação de conhecimentos enciclopédicos.

Gimeno (1980) denomina esse fazer pedagógico como um "método gráfico" que possibilita a vivência da coleta, organização e tratamento dos dados pelo aluno.

A elaboração de uma tabela com os dados coletados é a base do "método gráfico", auxiliando a criança a organizar as ideias mesmo quando falta clareza em sua mente. Enquanto não conseguirmos organizar as informações em uma tabela, tais dados não estarão definidos em nossa mente.

A organização dos dados em tabelas a partir do inventário de dados brutos é uma experiência significativa para se obter a síntese, uma operação mental complexa. As crianças serão obrigadas a buscar a essência do conteúdo pesquisado, suprimindo as repetições e agrupando os dados em categorias. Essa experiência provoca a aprendizagem de um método científico de organização, desenvolvendo o raciocínio lógico.

As atividades sugeridas a seguir procuram partir de situações do cotidiano, não para serem reproduzidas, mas para você notar que podemos fazer gráficos com os dados quantitativos. Você perceberá quão simples é fazer gráficos com as crianças e como elas passarão a entender melhor o espaço geográfico de onde os dados foram retirados e organizados em tabelas e gráficos. É importante lembrar que o gráfico tem mobilidade e podemos permutar as linhas, colunas e outras formas até que a informação fique mais clara. A imagem formada no gráfico deve revelar a informação que resultou da pesquisa.

8.2 – *Atividade para a construção e visualização da ordem*

Atividade 1 – Frequência de uso dos materiais escolares

8.2

1

- **Objetivo:** vivenciar a coleta e tratamento de dados.
- **Noção e conceitos:** ordem, frequência, quantidade.
- **Habilidades:** observar, selecionar, coletar dados, organizar a tabela de dupla entrada, contar e estabelecer a ordem.
- **Materiais:** materiais escolares de uso cotidiano, papel-quadriculado.
- **Procedimentos:** os alunos deverão colocar os materiais escolares que carregam diariamente sobre a carteira. Poderão selecionar alguns e agrupá-los por frequência de uso: uso sempre (caneta), uso de vez em quando (lápis), uso pouco (corretor), não uso (apontador). Essa classificação poderá ser representada de forma que mostre a ordem.

  Deverão organizar os dados em uma tabela, como a do exemplo a seguir, se for o caso, ou realizar outra organização de forma que em uma coluna os materiais sejam discriminados e em outra coluna seja colocada a frequência de uso.

Objetos	Frequência quantitativa	Frequência qualitativa
Caneta	3	Sempre
Lápis	2	Pouco
Corretor	3	Sempre
Apontador	0	Nunca
Régua	2	Pouco
Compasso	2	Pouco

Da tabela ao gráfico: no papel-quadriculado, os alunos deverão colocar, no eixo vertical, as quantidades que expressem a frequência de utilização e, no eixo horizontal, os materiais escolares. Deverão construir uma coluna para que cada objeto tenha sua frequência identificada no cruzamento do eixo vertical com o eixo horizontal. Sempre que tivermos informações quantitativas, poderemos fazer um gráfico para que a ordem apareça:

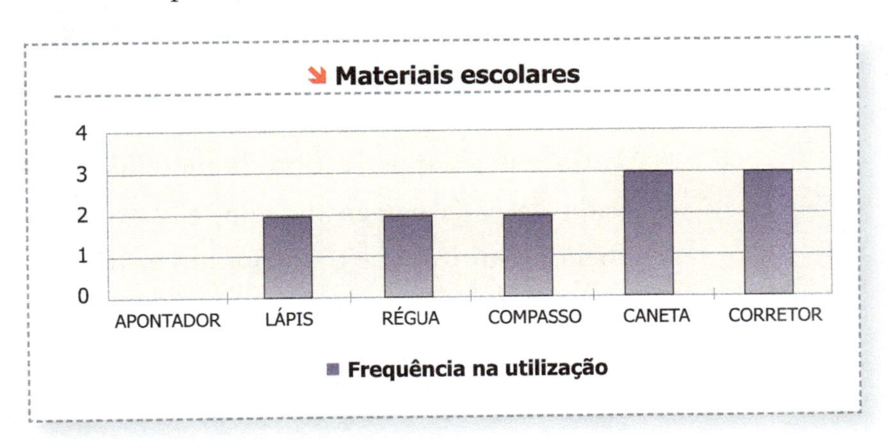

Para elaborar a síntese, poderemos agrupar os materiais escolares suprimindo a repetição e melhorando a visualização da frequência de utilização deles:

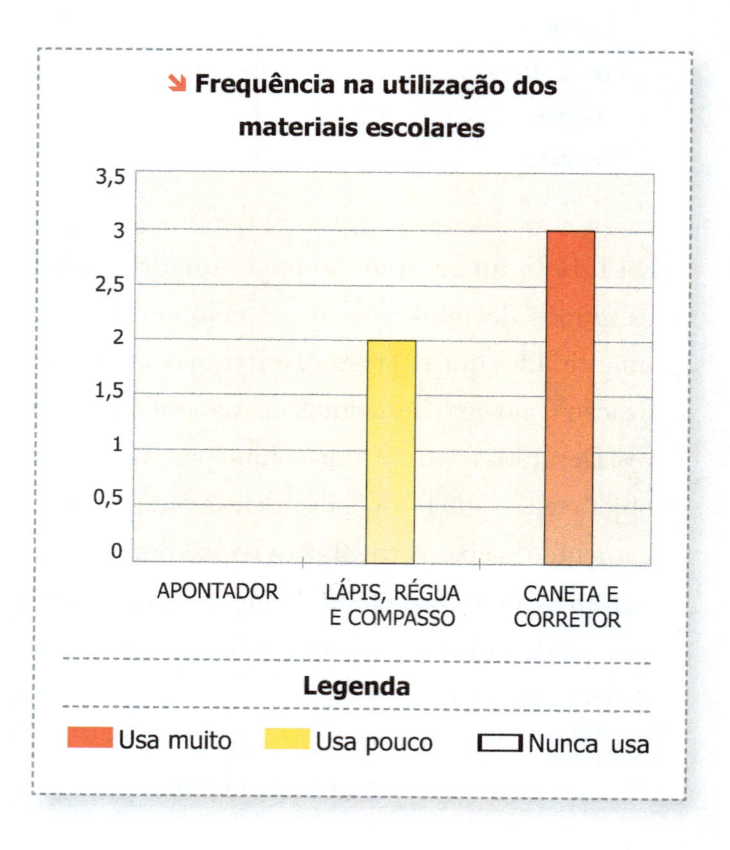

Avaliação: pesquise o tipo de merenda preferida de cada colega da sala, elabore uma tabela, quantifique e construa um gráfico.

Atividade 2 – Relação com os municípios vizinhos

- **Objetivos**: reforçar o entendimento das relações do próprio município e seus vizinhos por meio das próprias ações e perceber a relação entre objetos qualitativos e quantitativos
- **Noções e conceitos**: espaço topológico, dinâmica do espaço geográfico.
- **Habilidades:** elaborar dados em tabela e representar a diferença, ordem, quantidade e proporção.
- **Materiais:** mapa do município e vizinhos, papel-quadriculado e material de desenho.
- **Procedimentos:** continuar a atividade 8 – Orientando-se com vizinhos e não vizinhos (p. 116-117). Você pode retomar as histórias de deslocamento para os municípios vizinhos que os alunos inventaram na atividade 8 e propor que verifiquem quais foram, na realidade, os motivos que levaram tais famílias a se deslocarem para os municípios vizinhos. Peça a eles que realizem uma pesquisa simples com uma das famílias, questionando:
  – "Por que vamos aos municípios vizinhos?"
  No inventário, temos a lista de dados brutos com as repetições dos motivos de a família de cada aluno se deslocar para o município vizinho. A quantificação é a fase na qual agrupamos as

categorias iguais e realizamos a contagem, podendo ter como resultado uma tabela como a apresentada a seguir:

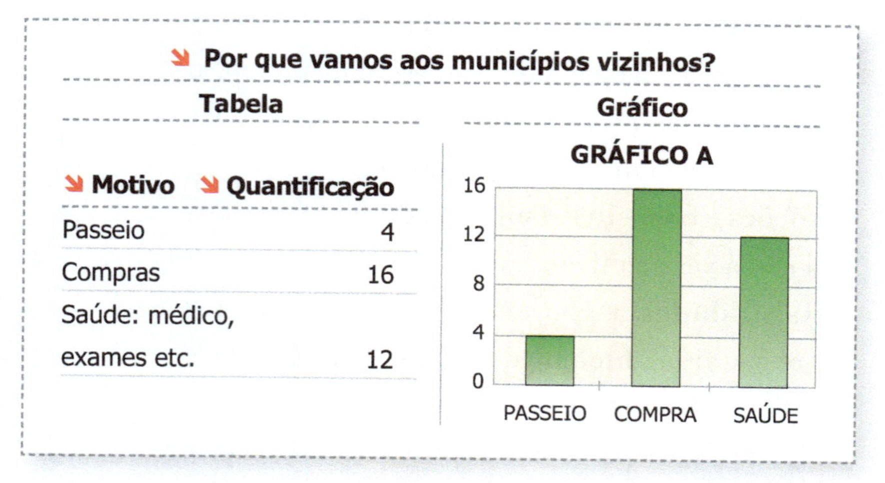

Por que vamos aos municípios vizinhos?

Tabela

Motivo	Quantificação
Passeio	4
Compras	16
Saúde: médico, exames etc.	12

Gráfico

O gráfico A não está com as colunas ordenadas, no entanto os dados quantitativos guardam uma ordem que não é perceptível no modo como está representado. Pergunte aos alunos qual o título que querem dar ao gráfico. O título deve sintetizar seu conteúdo: "A nossa relação com os municípios vizinhos", "O que fazemos nos municípios vizinhos", entre outros. Peça a eles que recortem as colunas e as ordenem na forma decrescente ou crescente. O importante é que percebam a ordem por meio do manuseio das colunas, verificando que o gráfico possui informações para comunicar e não é estático, pois é possível trocar as colunas de lugar e encontrar a melhor forma para que a ordem apareça.

Por que vamos aos municípios vizinhos?

No gráfico B, as colunas foram colocadas em ordem decrescente e a imagem formada com as três colunas ordenadas representa o motivo mais frequente para as pessoas irem aos municípios vizinhos, ou seja, compra.

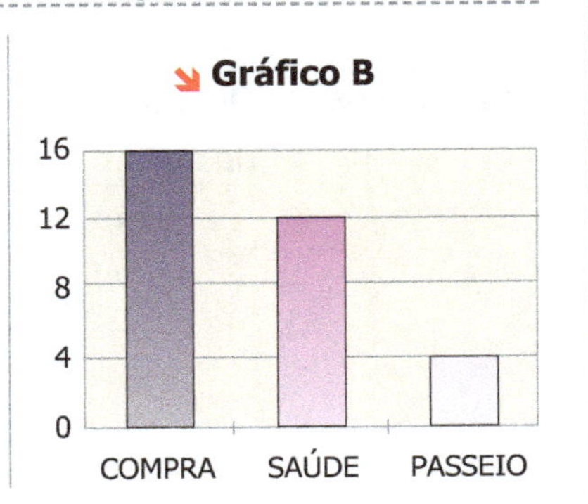

Por que vamos aos municípios vizinhos?

Neste gráfico, embora as colunas não estejam ordenadas, as cores que mostram a ordem no gráfico B foram mantidas e permitem que o aluno veja o motivo mais frequente para as pessoas irem ao município vizinho, ou seja, compra.

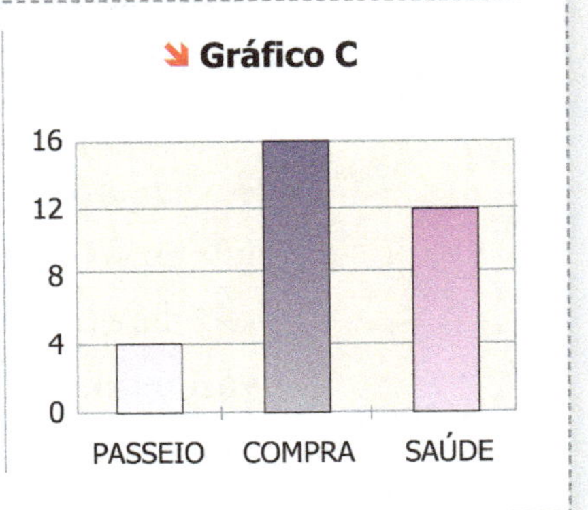

No gráfico acima (gráfico C) com as colunas não ordenadas, mas com as cores que mostram valor, conforme foi feito no gráfico B, a ordem aparece. Outro dado quantitativo possível de ser trabalhado em relação ao espaço topológico e às relações que existem entre os municípios vizinhos e o município onde mora o aluno é a quantificação do município mais visitado.

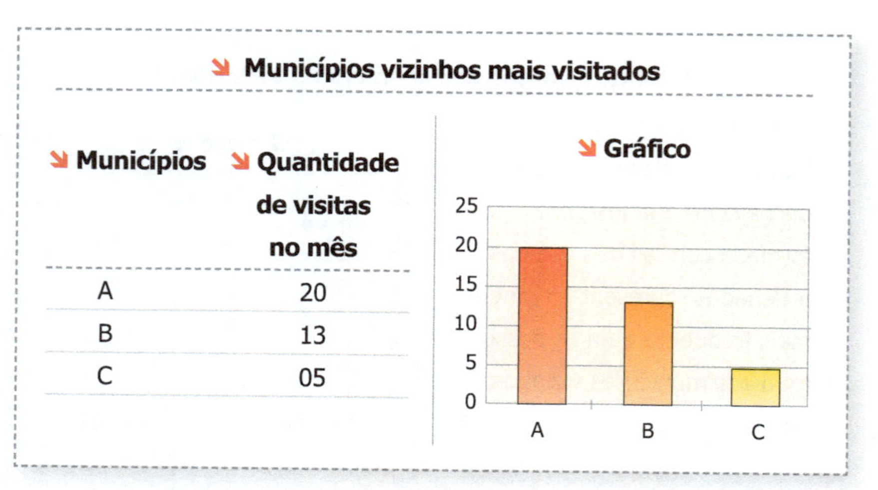

Municípios vizinhos mais visitados

Municípios	Quantidade de visitas no mês
A	20
B	13
C	05

Também é possível iniciar este gráfico com dados brutos, agrupando-os para suprimir as repetições, e montá-lo não ordenado. Você poderá recortar as colunas para transformar a não ordem em ordem e refazer o gráfico com os dados ordenados, pintar com cores que mostrem a ordem, como os procedimentos adotados nos gráficos A, B e C.

- **Avaliação:** elabore uma planilha de notas dos alunos de uma determinada disciplina e peça a eles que criem o gráfico. Se você achar que tal tarefa poderá causar algum constrangimento, cada aluno poderá fazer a planilha com as próprias notas de todas as disciplinas e, ao elaborar o gráfico, a disciplina em que é mais bem-sucedido, assim como o resultado oposto, aparecerá. O que fazer com os gráficos é uma escolha sua e dos alunos.

Atividade 3 – Meios de locomoção no trajeto casa-escola

Como se afirmou anteriormente, a elaboração do gráfico deve conter dados da vivência das crianças, os quais deverão ser coletados por elas.

- **Objetivo:** vivenciar a coleta e organização de dados.
- **Noções e conceitos:** quantificação, agrupamento, circulação.
- **Habilidades:** levantar e tratar os dados em tabelas e gráficos.
- **Materiais:** papel-quadriculado e material de desenho.
- **Procedimento:** as crianças deverão fazer uma pesquisa na sala de aula, questionando cada colega sobre o meio de locomoção utilizado para virem de casa para a escola. Coloque o inventário das respostas na lousa. Lembre-se de que no inventário não há nenhuma forma de tratamento, agrupamento ou seleção, pois os dados são brutos. Podemos ter o seguinte inventário:

Nome	Tipos de locomoção
Bruno	Carro
Carlos	A pé
Quitéria	A pé
Pedrina	A pé
Maria	Perua da escola
Nelson	De carona no carro do pai de Bruno

E assim por diante...

Em seguida, agrupe as categorias:

Tipos de locomoção	Contagem	Quantidade
A pé	III	3
Carro	II	2
Perua da escola	I	1

Os alunos podem desenhar carro, perua e pés para elaborar um gráfico icônico.

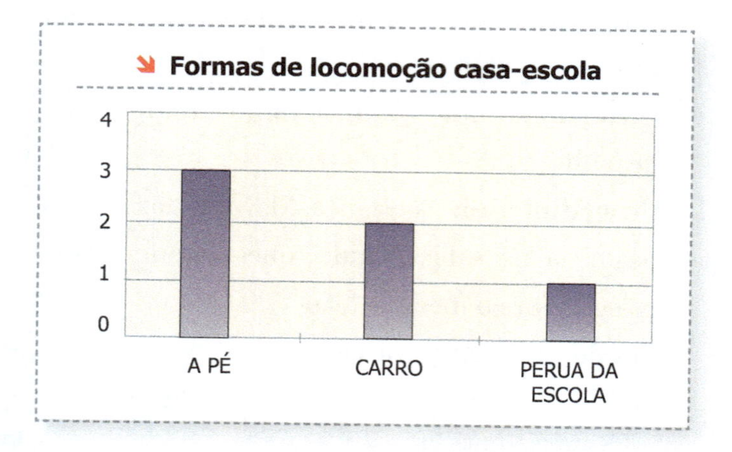

Avaliação: os alunos deverão melhorar a forma do gráfico para a imagem mostrar a ordem dos tipos de locomoção – do mais utilizado para o menos utilizado.

Atividade 4 – Mesmos dados, formas diferentes

Trabalhar com a história da família é sempre empolgante para as crianças. É uma forma também de envolver a família nas atividades escolares para que o acompanhamento possa ir além da verificação das notas e assiduidade dos filhos.

História da migração da família (exemplo de Maringá)

- **Objetivo**: visualizar a composição dos alunos da sala em relação aos Estados de origem das famílias.
- **Noções e conceitos**: migração, mobilidade.
- **Habilidades:** levantar e tratar dados, elaborar gráficos tentando diferentes soluções para perceber a imagem que comunique a informação de forma clara.
- **Materiais:** papel-quadriculado, materiais de colorir.
- **Procedimentos:** inicialmente, você deverá questionar as crianças sobre a origem (de onde vieram) das famílias, o Estado, cidade ou região.

  O inventário inicial deverá ser colocado na lousa, sem censura, da forma como os alunos forem expondo as ideias que têm sobre os Estados de procedência das famílias.

Quando surgirem dúvidas, será feito um novo inventário com o resultado da pesquisa. Em um primeiro momento, serão colocados todos os Estados conforme as informações fornecidas pelas crianças.

Em seguida, serão agrupados os Estados para a contagem. Por exemplo: podemos chegar aos seguintes dados:

Ditado pelos alunos	Contagem	Quantidade
Amazonas	I	1
Rio Grande do Sul	IIII	4
Paraná	IIIIIII	7
São Paulo	IIIIIII	7
Mato Grosso do Sul	IIIII	5

Gráfico sem ordem:

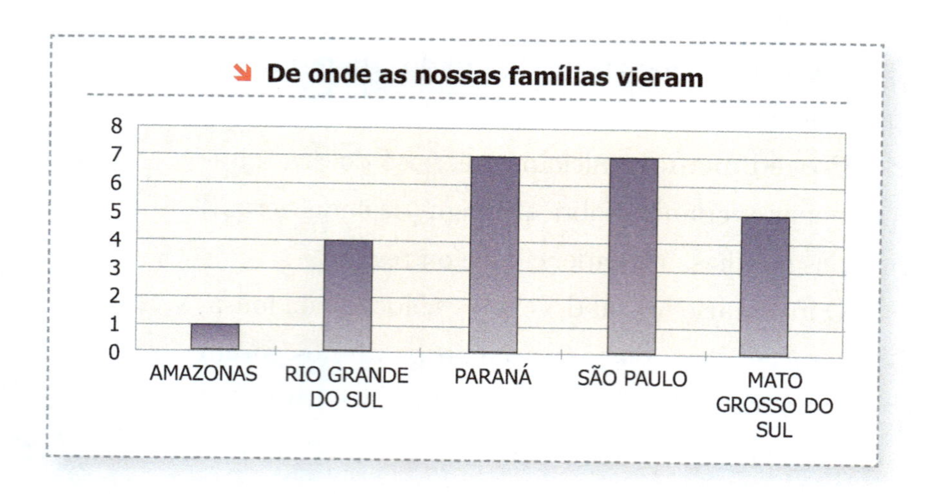

Na etapa seguinte, serão recortadas as colunas para montar a ordem.

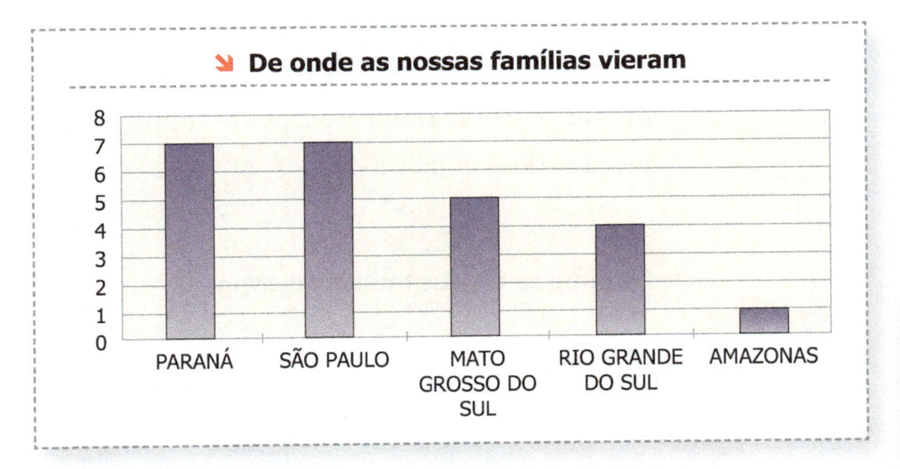

Peça às crianças que decidam quantas cores são necessárias para tornar a ordem mais visível. Elas deverão escolher as cores e aplicá-las nas colunas para que a ordem apareça. Os alunos perceberão que os mesmos dados podem gerar gráficos de forma diferente.

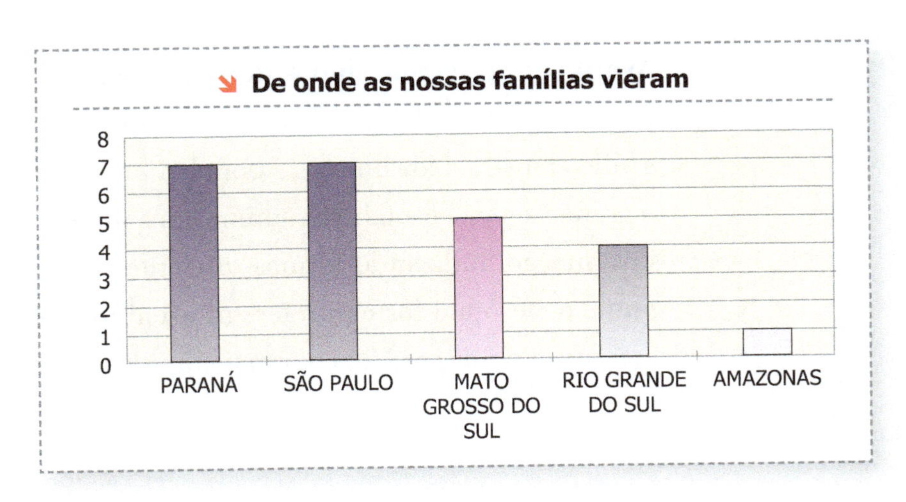

No caso do gráfico de setores (*pizza*), é possível ver as proporções das procedências. Torna-se visível que a maioria das famílias procede de São Paulo e do Paraná. A porcentagem menor está representada pelas famílias que vieram do Amazonas.

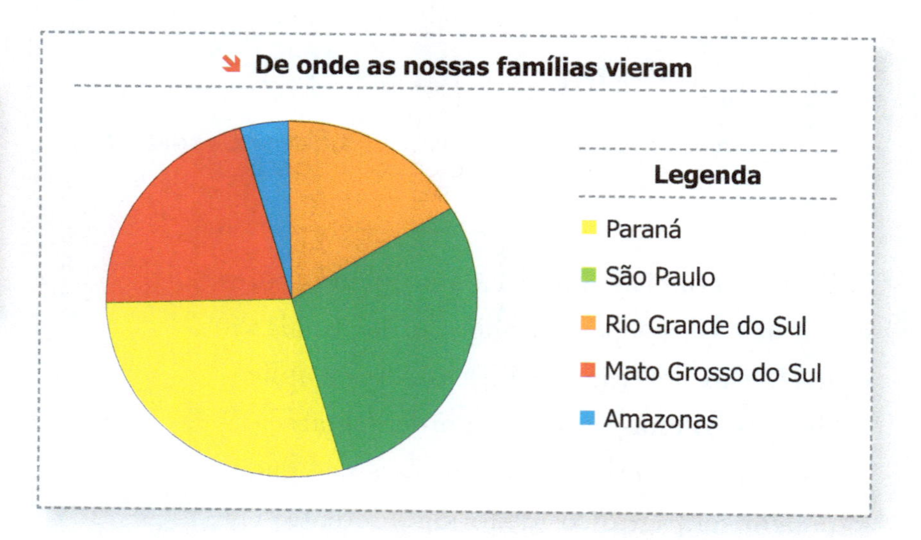

Avaliação: peça aos alunos que elaborem um pequeno texto de leitura das informações que o gráfico mostra. Novamente, é bom lembrar que o gráfico, o texto e a tabela comunicam a mesma informação, utilizando formas diferentes. Pergunte a eles qual forma preferem? Qual forma comunica a informação com mais rapidez?

Atividade 5 – Uma tabela pode gerar um mapa e um gráfico

A atividade anterior realizada com os dados da migração das famílias pode ser transportada para um mapa.

- **Objetivo**: visualizar a espacialização dos Estados de onde vieram as famílias dos alunos da sala de aula.
- **Noções e conceitos**: migração, mobilidade, Estado, cidade, direção de deslocamento.
- **Habilidades:** coletar e tratar dados, implantar os dados em um mapa, considerando as informações sobre o Estado e o lugar onde moram na atualidade.
- **Materiais:** papel-quadriculado, materiais de colorir, mapa do Brasil com divisão política.
- **Procedimentos:** entregue uma cópia do mapa do Brasil com divisão política aos alunos. Eles deverão colorir os Estados de onde as famílias vieram e ter assim o registro em mapa dos mesmos dados trabalhados no gráfico.

  Cada aluno deverá fazer uma ligação do Estado de onde a família saiu até o município onde moram hoje, escolhendo uma forma de representar o trajeto.

Coloque um mapa ampliado na lousa e elabore um mapa coletivo com todas as linhas. Os alunos deverão escolher a cor da linha que querem representar o trajeto da própria família, pois as linhas devem ter cores diferentes para distinguir os trajetos de cada família. As linhas no mapa não serão de larguras proporcionais aos movimentos realizados (fluxograma), mas expressarão a história da migração das famílias dos alunos da sala, o que é significativo para eles.

O estudo das migrações deve ser complementado com os dados do IBGE para que as crianças associem os acontecimentos da própria família com a história das migrações da população brasileira.

Veja no *site* www.ibge.gov.br/ os dados do Censo de 2010 para perceber a tendência das migrações no Brasil.

- **Avaliação**: os alunos poderão elaborar uma narrativa da história da migração da própria família, ilustrando o texto com fotos, depoimento dos pais, gráfico e mapa.

Atividade 6 – Estudo perceptivo do tempo atmosférico e diferentes representações

- **Objetivo**: vivenciar a observação do tempo atmosférico, registro e representação.
- **Noções e conceitos**: tempo, temperatura, umidade.
- **Habilidades:** observação sensível de tempo, registro e organização de dados.
- **Materiais:** papel-quadriculado, termômetro, materiais de colorir.
- **Procedimentos:** inicialmente, realize um trabalho fora da sala de aula de observações diárias dos tipos de tempo. A cada dia, os alunos deverão registrar essas observações em quadros como os exemplos seguintes em relação à visibilidade do céu, tipo de vento, chuva, temperatura e criar um símbolo para cada situação.

Dia	Hora	CÉU		
		Claro	Parcialmente coberto	Totalmente coberto

Dia	Hora	VENTO		
		Forte	Fraco	Sem vento

Dia	Hora	CHUVA		
		Forte	Fraca	Ausente

Dia	Hora	TEMPERATURA		
		Quente	Fria	Amena

Após um mês de coleta desses dados, peça para seus alunos transcreverem as informações para a folha de registro mostrada no modelo (vide abaixo):

Registro dos tipos de tempo no mês

Semana	Domingo	Segunda	Terça	Quarta	Quinta	Sexta	Sábado
1ª							
2ª							
3ª							
4ª							

O preenchimento do quadrado correspondente a cada dia pode ser realizado utilizando-se a escrita ou símbolos que expressem o tipo de tempo. As crianças normalmente utilizam os símbolos que aparecem na mídia

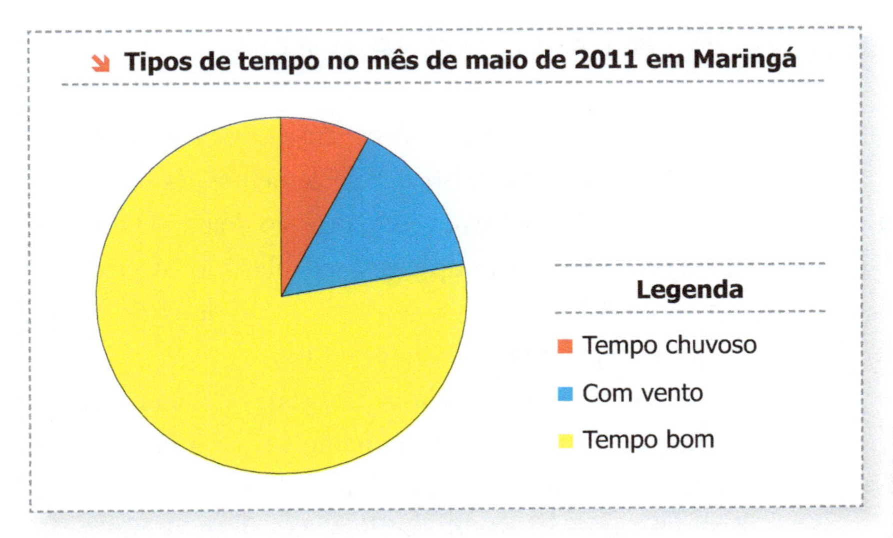

(TV, jornais, internet). No entanto, se forem criativas e quiserem avançar na aproximação de desenhos e seu respectivo significado, precisarão ter liberdade, pois nessa discussão ocorre o aprofundamento do conteúdo e do conceito.

Elas deverão fazer a contagem dos dias com chuva, sem chuva, com vento, sem vento etc. e elaborar o gráfico dos tipos de tempo do mês.

- **Avaliação:** os alunos poderão escrever um texto analisando o quadro de tipos de tempo que ocorreram no mês e escolher um título. O título é importante porque mostra a compreensão do trabalho e a capacidade de síntese.

Atividade 7 – Tempo e clima

Tempo e clima são confusos para as crianças. Tempo é a característica dos elementos da atmosfera (temperatura, chuva, vento, pressão do ar) de um momento. Hoje, o tempo está ensolarado. Agora está quente. Clima é a característica dos tipos de tempo que se repetem com regularidade.

Nas regiões de clima tropical, o tempo é quase sempre quente. O tempo quente é uma ocorrência regular durante o ano e ao longo de vários anos. Uma outra característica desse clima é o ritmo da chuva: há um período do ano em que sempre chove e um período do ano que é sempre seco. Essa repetição regular caracteriza um tipo de clima.

Para determinar o tipo de clima de um lugar, é necessário registrar no mínimo trinta anos das variações de temperatura, chuva, umidade relativa, pressão atmosférica, comportamento das massas de ar, entre outras características. A seguir sugerimos um trabalho com variações de temperatura, por ser ela um dos elementos atmosféricos de fácil percepção e registro.

- **Objetivo:** ler e comparar os dados da tabela de variação térmica de um lugar no decorrer de um período.
- **Noções e conceitos:** variação térmica, temperatura média, máxima e mínima.
- **Habilidades:** leitura de tabela, elaboração e leitura comparativa de gráficos
- **Materiais:** dados de temperatura, se possível dos últimos trinta anos do seu município, que podem

Médias térmicas de Maringá (de 1982 a 2011)

	JAN	FEV	MAR	ABR	MAI	JUN	JUL	AGO	SET	OUT	NOV	DEZ
1982	24.2	24.4	23.7	21.7	19.2	18.3	18.9	20.1	21.5	22.1	23.1	22.5
1983	24.8	24.8	23.1	22.3	20.3	15.6	19.1	19.8	18.2	21.6	22.8	23.8
1984	25.6	26.0	24.3	21.0	21.1	19.2	19.7	18.4	20.1	24.6	23.9	23.1
1985	24.8	24.5	23.7	22.7	19.3	17.0	16.8	20.5	21.9	23.9	25.4	26.2
1986	25.1	23.7	23.8	23.3	20.0	18.9	17.4	19.4	20.1	22.4	25.0	24.0
1987	24.7	23.2	24.1	23.3	17.3	16.6	20.5	18.6	20.3	22.6	24.5	24.6
1988	26.1	23.6	25.4	22.8	18.7	16.8	16.1	21.5	23.5	22.5	24.2	25.7
1989	23.0	24.0	24.1	23.0	19.2	17.4	16.7	18.4	19.5	21.8	23.4	24.5
1990	23.9	25.3	25.2	23.9	18.2	17.5	14.8	18.5	18.8	23.8	25.3	25.0
1991	24.9	24.2	23.4	22.4	19.9	18.9	17.9	20.4	22.0	23.0	24.6	24.5
1992	25.9	25.2	23.1	21.1	19.5	19.9	16.1	18.2	19.5	22.8	23.3	24.9
1993	25.1	22.8	24.4	23.2	19.5	17.1	17.3	19.4	20.5	23.5	25.1	24.6
1994	24.2	24.8	23.6	22.5	20.5	17.7	18.6	20.9	23.5	24.1	24.2	25.7
1995	24.7	24.2	24.2	21.2	19.5	19.3	20.7	23.1	21.6	21.5	24.3	24.8
1996	24.6	24.2	23.7	22.6	19.8	17.3	17.3	21.2	20.7	22.7	24.0	24.5
1997	24.2	24.7	23.8	21.8	19.8	16.6	19.4	20.4	22.6	23.2	24.5	25.4
1998	26.2	24.9	24.5	21.6	18.6	17.4	29.4	20.0	20.4	22.4	24.5	24.8
1999	24.5	25.1	25.2	22.0	18.7	17.1	19.1	20.7	22.9	22.6	23.1	25.3
2000	25.3	24.2	23.9	23.3	18.8	19.7	15.5	19.9	20.8	25.2	23.9	24.7
2001	25.5	24.8	25.1	24.2	18.6	17.5	19.1	21.5	21.8	23.7	24.4	23.9
2002	24.9	24.5	27.0	26.4	20.8	21.4	18.0	22.2	20.8	25.5	24.0	25.8
2003	25.1	25.2	24.8	23.0	18.8	20.8	19.9	17.8	21.5	23.2	24.2	24.7
2004	25.2	24.9	24.6	23.4	16.9	17.6	17.4	20.3	24.5	21.9	23.6	24.2
2005	24.5	25.9	25.9	24.3	21.5	20.9	17.6	21.4	19.3	23.5	24.5	24.6
2006	25.6	24.3	25.0	22.5	18.4	19.4	20.5	21.2	20.1	24.1	24.7	25.3
2007	24.6	25.0	25.3	24.0	19.2	20.0	17.6	20.7	24.6	25.0	23.7	25.1
2008	24.1	24.5	23.9	22.2	18.9	17.5	20.4	20.8	20.2	23.8	24.1	25.5
2009	24.0	25.4	25.4	23.8	20.4	16.6	17.7	19.7	21.7	23.0	26.0	24.8
2010	24.9	25.9	24.8	22.5	18.3	18.9	19.9	20.3	22.6	21.8	23.5	24.0
2011	25.0	25.0	24.1	22.7	19.4	17.2	19.2	20.3	22.2	22.9	23.5	25.2

ser extraídos de *sites*: Instituto Nacional de Pesquisas Espaciais – Inpe (www.inpe.br/); Instituto Agronômico do Paraná – Iapar (www.iapar.br/); Instituto de Astronomia, Geofísica e Ciências Astronômicas – IAG-USP (www.iag.usp.br/).

- **Procedimentos:** faça a leitura da tabela acima ou das médias de temperatura de seu município. Cada linha (ano) mostra a diferença de temperatura nos doze meses. Cada coluna (mês) mostra as médias de temperatura de cada mês no decorrer dos trinta anos de registro. Elabore um gráfico de cada ano mostrado na tabela (ou do seu município) com os alunos.
- **Avaliação:** leitura comparativa dos trinta gráficos com análise sobre a variação térmica que mostra a repetição regular da temperatura no período, um dos elementos que caracterizam o clima.

Atividade 8 – População da sala

- **Objetivo**: entender a noção de composição da população por sexo e idade.
- **Noções e conceitos**: pirâmide de idade, quantificação por categorias selecionadas.
- **Habilidades**: levantamento e organização de dados em tabelas e gráficos.
- **Material**: papel-quadriculado (evite o uso de papel-milimetrado por ser mais difícil de trabalhar).
- **Procedimentos**: efetue a contagem da população da sala de aula e o inventário de todas as idades, ainda sem separação.

Nome	Sexo	Idade
Ana Maria	F	8
Carlos	M	8
Henrique	M	9
Marina	F	10
Norma	F	8
Pedro	M	7

Organizar dados em tabelas é um importante exercício para os alunos saberem trabalhar com duas informações e encontrar a terceira informação no cruzamento das coordenadas horizontais e verticais. No gráfico da página 195, temos no eixo horizontal a informação das idades e, no eixo vertical, o nome dos meninos/meninas. No cruzamento do eixo horizontal 8 e do eixo vertical correspondente a Carlos, temos a terceira informação: a idade de Carlos.

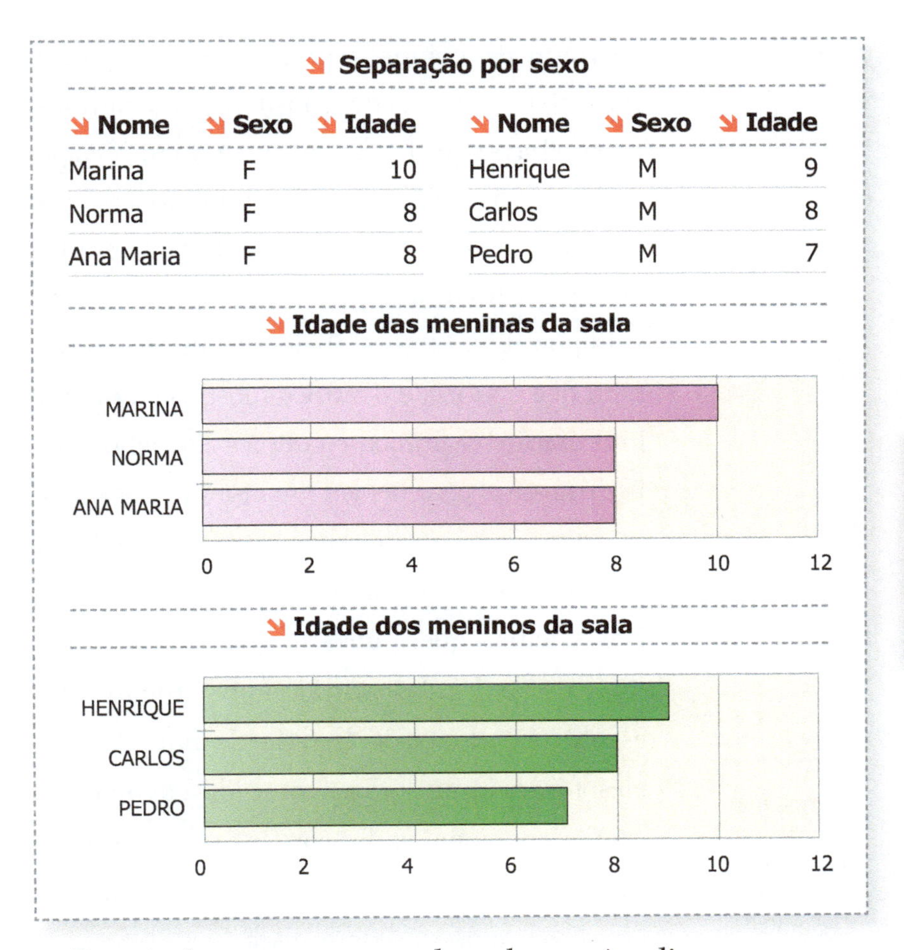

Separação por sexo

Nome	Sexo	Idade
Marina	F	10
Norma	F	8
Ana Maria	F	8

Nome	Sexo	Idade
Henrique	M	9
Carlos	M	8
Pedro	M	7

Depois dessa etapa na qual os alunos visualizaram as próprias idades em comparação à de seus colegas, em duas categorias (masculino e feminino), podemos passar à construção da tabela de quantificação.

As pirâmides de idade existentes nos livros didáticos confundem as crianças, pois elas raciocinam como nas lições de Matemática, separando números positivos de negativos:

partindo da coluna central para a esquerda (negativo) e a direita (positivo). Portanto, é aconselhável que o gráfico com a quantificação das crianças seja elaborado como no exemplo anterior, tendo cada gênero sua representação quantificada.

É importante, embora óbvio, que os alunos saibam que a tabela e o gráfico mostram a mesma informação. O gráfico comunica aos olhos, por isso é possível perceber em um instante, por exemplo, que não há meninos nem meninas com idade superior a 10 anos e inferior a 7 anos.

Nas oficinas que realizamos para professores do Ensino Fundamental, anos iniciais das escolas estaduais do Estado de São Paulo[11], eles foram muito criativos e desenvolveram gráficos personalizados com laços de fitas para que cada aluno colocasse o próprio laço no cruzamento de sua idade e sexo.

Essa forma de gráfico pode confundir a leitura, na medida em que para expressões matemáticas, os dados colocados à esquerda são negativos. No entanto, um gráfico elaborado com a participação dos alunos, que colocam seus botões, laços ou outro símbolo escolhido por eles no cruzamento da própria idade e sexo, facilitará a compreensão deles.

[11] Enquanto membro da equipe técnica de Ensino de Geografia – Coordenadoria de Estudos e Normas Pedagógicas, Seesp, 1992.

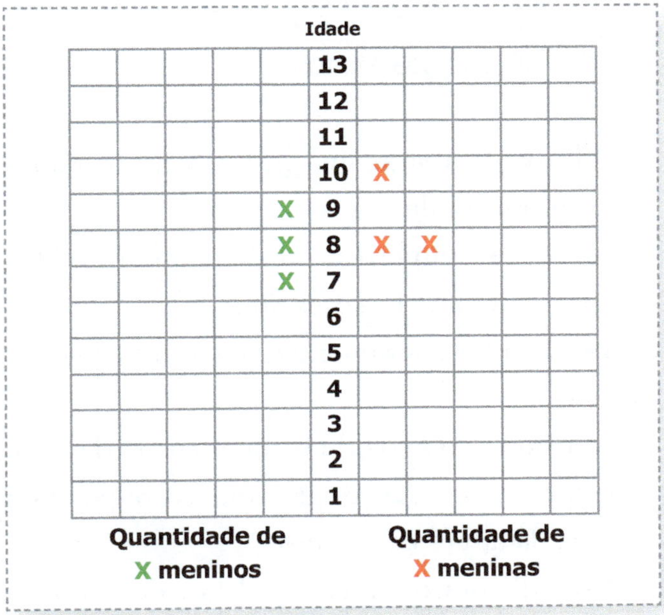

					Idade					
					13					
					12					
					11					
					10	X				
				X	9					
				X	8	X	X			
				X	7					
					6					
					5					
					4					
					3					
					2					
					1					

Quantidade de X meninos — **Quantidade de X meninas**

Uma professora elaborou uma base de pregas com papel-craft e tornou o gráfico móvel. As crianças trouxeram fotos próprias (3 x 4) e colocaram-nas no quadrado de seus respectivos sexo e idade. No aniversário, quando aumentavam a idade, modificavam a posição de sua foto. Essa forma de criar um gráfico com dados dos próprios alunos e participação ativa deles na dinâmica da elaboração e mobilidade na formação da imagem motiva-os a "entrarem" no gráfico e extraírem a informação, pois o caminho vivenciado tornou os passos deles significativos.

- **Avaliação:** elaborar um texto de leitura dos dados expressos no gráfico.

Atividade 9 – Gráfico de fitas das alturas dos alunos

- **Objetivo**: elaborar um gráfico com os dados dos próprios alunos.
- **Noções e conceitos**: ordem quantitativa, agrupamento, classificação.
- **Habilidades**: levantamento e tratamento de dados.
- **Materiais**: fitas coloridas (duas cores) de 5 cm de largura, com metragem que corresponda à soma da altura dos alunos.
- **Procedimentos:** meça a altura dos alunos. Elabore uma tabela com os dados sobre idade e altura:

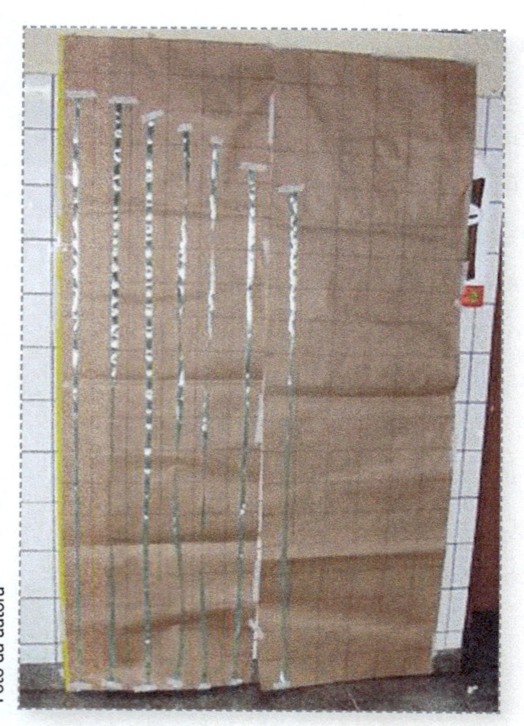
Foto da autora

Coloque as crianças em ordem de altura e recorte a fita na metragem correspondente à altura de cada uma delas. Prepare um papel--craft quadriculado de 20 cm em 20 cm e cole-o na parede.

Posicione as crianças de costas para o cartaz de papel-quadriculado

Meninas

	Idade	Altura
Ana Maria	7	1,30
Ana Paula	7	1,40
Beatriz	8	1,40
Cláudia	9	1,50
Denise	8	1,60
Elena	7	0,90
Nair	9	1,60
Nilceia	8	1,40
Odete	7	1,40

Total de alunas	9
Soma das alturas	12,50m
Média das alturas	1,38m
Alunas acima da média	7
Alunas abaixo da média	2

Meninos

	Idade	Altura
José Elias	7	0,90
Luís Fernando	7	1,0
Mário	7	1,20
Norberto	9	1,50
Pedro	8	1,50
Raimundo	7	1,30
Sílvio	9	1,50
Tadeu	9	1,40

Total de alunos	8
Soma das alturas	10,30m
Média das alturas	1,28m
Alunos acima da média	5
Alunos abaixo da média	3

para que façam a função da coluna do gráfico, representando a si mesmas. Após a representação das alturas pelos próprios alunos, cada um cola a fita colorida recortada no papel-quadriculado. Ao deixarem seu lugar no gráfico, sua altura estará representada pela fita.

- **Avaliação**: elabore um texto de interpretação dos dados representados no gráfico. É importante que haja uma leitura comparativa entre as alturas das meninas e dos meninos.

Atividade 10 – Gráfico de linha para conhecer a evolução da aprendizagem

- **Objetivo:** diferenciar os tipos de gráfico para cada objetivo.
- **Noções e conceitos:** forma e conteúdo de um gráfico.
- **Habilidades:** levantar e tratar dados; escolher o tipo de gráfico.
- **Materiais:** papel-quadriculado e materiais de desenho.
- **Procedimentos:** cada aluno fará a relação de suas notas por disciplina de cada bimestre. Por exemplo, em Matemática, Alberto tirou, respectivamente, 5, 6, 7 e 8 em cada bimestre. No

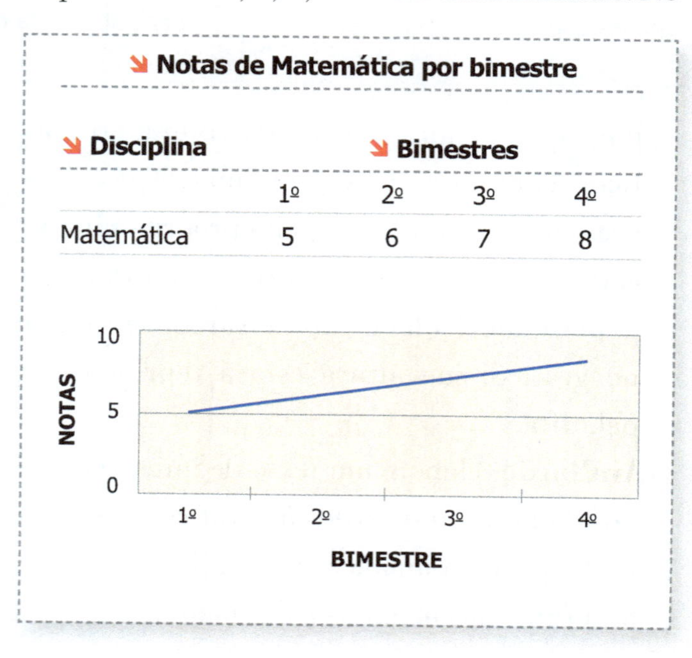

Notas de Matemática por bimestre

Disciplina	Bimestres			
	1º	2º	3º	4º
Matemática	5	6	7	8

papel-quadriculado, ele deverá colocar, no eixo vertical, as notas de 0 a 10 e, no eixo horizontal, os bimestres de 1 a 4. Trace uma linha para ligar os pontos e o gráfico está pronto.

A escolha do gráfico de linhas deve-se à necessidade de se verificar a evolução. A aprendizagem é uma construção contínua e o gráfico deve revelar se na continuidade do processo de aprendizado da Matemática, houve melhorias contínuas ou interrupção em algum bimestre.

Os alunos poderão fazer um gráfico de cada disciplina.

- **Avaliação:** entregue uma outra folha de papel-quadriculado para que os alunos lancem as notas dos quatro bimestres de todas as disciplinas.

  Na medida em que a intenção é ter uma leitura comparativa entre as disciplinas, cada disciplina deve ser representada por uma cor diferente.

  Os alunos deverão registrar a leitura comparativa em um texto e refletir sobre a decisão a tomar em caso de curva descendente de alguma disciplina.

Capítulo 9
Aplicação de conceitos na resolução de situações-problema

Aprender com situações-problema é um desafio. Os alunos debruçam-se sobre um problema para tentar entendê-lo e realizam pesquisas para buscar soluções. Na aplicação pedagógica desse método, o aluno precisa encontrar soluções por meio de pesquisa, uma pesquisa de conceitos, de informações, de situações semelhantes vividas por outros grupos e, dessa forma, conseguir resolver tais problemas.

A aplicação de conceitos na resolução de situações-problema consiste em criar situações de desafio, cuja solução não está contemplada na forma de resposta nos livros, mas deve ser buscada por meio da associação de conhecimentos disponibilizados em livros, *sites* e, principalmente, deve desafiar os alunos a realizarem um estudo profundo para compreenderem o problema e buscarem soluções. Não é uma tarefa cuja resposta é simples e disponível, mas é a vivência de uma investigação por meio da vivência de um método científico.

A seguir, veja algumas situações que podem ser consideradas problema, cuja solução necessita de estudo e do entendimento de conteúdos da Geografia.

Problema 1 – Orientação geográfica I

Para aplicar a noção de orientação, proponha aos alunos que observem a entrada dos raios solares na sala de aula e nas carteiras e elaborem uma planta da sala, projetando uma nova posição das carteiras para que os raios solares não atrapalhem a visão deles. Eles poderão citar como solução a colocação de árvores no lado em que a insolação é mais forte ou sugerir que as salas de aula sejam mudadas para o lado onde não há insolação forte, como o lado Sul, e destiná-las a serem utilizadas com menor frequência, como sala de projeção. O importante é o exercício mental no qual os alunos precisam observar o movimento aparente do Sol, marcar as posições da incidência dos raios solares e fazer simulações.

Problema 2 – Orientação geográfica II

Após o trabalho de indicar as direções cardeais com a inserção da rosa dos ventos na parte central do pátio, realize sistematicamente a observação do movimento aparente do Sol e das posições das sombras projetadas por objetos verticais (postes, caixa-d´água, palmeiras, prédios etc.). Proponha aos alunos que façam o mapa das sombras, inventando um símbolo para a parte sem sombra e outro para a parte na sombra. Eles deverão desenhar os objetos que impedem a incidência dos raios solares e provocam as sombras.

Esse mapa das sombras pode ser útil para inserir o relógio solar e escolher o estacionamento de carros.

Problema 3 – Símbolos

Após jogar o baralho de símbolos, os alunos deverão criar um outro jogo, como um conjunto de baralhos, cartões ou quebra-cabeças com outros objetos e seus significantes. Deverão descrever as peças e como combinar os pares, se na forma de dominó, de baralho, jogo de memória etc. Os alunos deverão estabelecer as regras de pontuação e a forma de conquistar a vitória.

Problema 4 – Proporção I

Após as atividades para compreender a noção de proporção, proponha aos alunos que criem uma história envolvendo enigmas que exijam a combinação de peças proporcionais. Por exemplo, a história da Branca de Neve poderá ser invertida e as crianças deverão recriar indagações, sensações, caso a Branca de Neve seja uma anã entrando na casa de sete gigantes, com camas gigantescas, instrumentos de trabalho enormes, tigelas grandes para comer etc. A história deve ter lógica na elucidação, envolvendo equipamentos urbanos, de circulação e comunicação proporcionais aos personagens.

Problema 5 – Proporção II

Para aplicar a noção de proporção, proponha o seguinte problema: desafie os alunos a criarem uma história de alguma construção com falhas, em razão da falta de noção de proporção do construtor. Pontes nas quais não haja possibilidade de transitar ou que não chegam à outra margem, janelas que não cabem no vão reservado a elas etc. "O que aconteceu?", "Minhas mobílias não cabem na sala?", "Por que a porta é menor que o espaço do vão?", "Como o carro não cabe na garagem?", "O jardim sumiu!", entre outros questionamentos.

Problema 6 – Coordenadas geográficas I

Após as atividades com coordenadas, proponha o seguinte problema aos alunos: desafie-os a desenhar um móvel com divisões para organizar os trabalhos elaborados de forma a cruzar informações da horizontal e da vertical para facilitar a localização deles.

Uma resposta possível seria organizar tal móvel por nome dos alunos em ordem alfabética. No entanto, essa organização exigiria uma estante muito longa na altura ou na largura. A discussão deve ser livre para que os alunos desenhem e estabeleçam diferentes tipos de combinações, podendo organizar separadamente meninos e meninas, por data, disciplina, forma etc.

O importante é que eles consigam raciocinar e encontrar uma solução para organizar os trabalhos, facilitando sua localização e cruzando duas informações colocadas na horizontal e na vertical.

Problema 7 – Coordenadas geográficas II

Peça aos alunos que procurem na internet, jornal ou noticiário de TV um fato ocorrido na semana. Eles deverão localizá-lo no mapa, dando a latitude e a longitude.

Explore os acontecimentos de cidades inundadas ou de um incêndio na floresta, explicando a importância da localização exata com a informação da latitude e longitude do lugar. Por exemplo, se houver necessidade de enviar socorro para alguma cidade inundada, os alunos deverão fazer a lista das necessidades e montar um plano de socorro com medicamentos, água, alimentos etc. No mapa utilizado para localizar o fato, deverão assinalar o município onde moram e traçar o caminho a ser percorrido para que o socorro chegue ao destino.

Problema 8 – Relevo e rios I

Após o trabalho com o mapa de curvas de nível (identificação da direção das águas dos cursos de rios), proponha que os alunos determinem no mapa de curvas de nível com os traçados dos rios:

- locais apropriados para construir moradias, que devem ser livres de inundações e deslizamentos;
- locais adequados para instalar parques para proteção dos córregos e mananciais, mas não adequados a moradias, pois há riscos de inundações e deslizamentos;
- locais de alto risco que devem ser preservados, sem nenhuma construção.

Após a discussão dessas e de outras categorias, os alunos deverão analisar o mapa de curvas de nível e apresentar uma solução para o problema proposto: qual o local mais seguro para se morar?

A proposta da solução deve ser apresentada por meio de mapas e argumentos lógicos.

Problema 9 – Relevo e rios II

Coloque o mapa de ruas da cidade sobre o mapa de curvas de nível e rios e proponha a seguinte questão: choveu caudalosamente, trombas-d´água ocasionaram transbordamento dos rios e existem áreas não transitáveis em razão de inundações. Quais os trajetos seguros para não ficar preso em uma área cercada por córregos e inundações (pelos divisores de água)?

Avaliação

A avaliação da situação-problema deve ser contínua, principalmente em relação aos conceitos e às habilidades que os alunos utilizam enquanto discutem a busca de soluções. O processo da busca no qual os conceitos são utilizados e novas habilidades são desenvolvidas é mais significativo que a solução encontrada.

Finalizando o livro e abrindo diálogos

Este livro foi escrito com a intenção de criar um diálogo com você, professor, sobre a metodologia da Alfabetização Cartográfica, para que os alunos elaborem e interpretem mapas e gráficos, aprendam a fazer leituras do mundo e desenvolvam o domínio espacial.

Na atualidade, como sujeitos das comunicações *on-line*, temos o privilégio de poder dialogar a distância, digitalizar fotos, trabalhos e realizar trocas construtivas. É importante que essa base se constitua como nosso meio de trabalho, pois nenhuma proposta pode frutificar na teoria, sem que os alunos a realizem e nos apontem a direção das pesquisas necessárias para que discutamos as resoluções possíveis aos problemas identificados.

Aflige-nos perceber que você, professor, realiza trabalhos significativos, mas que ficam guardados nas gavetas, uma comunicação muda, sem divulgação, que paralisa o diálogo.

Portanto, urge o fomento às pesquisas voltadas à Alfabetização Cartográfica que considerem a articulação entre sujeito e objeto, aprofundando as observações e análises do funcionamento do sistema cognitivo do sujeito em sua relação com a linguagem cartográfica. A Alfabetização Cartográfica como metodologia não deve ser uma pesquisa isolada e fragmentada, mas deve estar incluída nas discussões tanto da Cartografia e da Geografia como da Didática.

Podemos formar uma rede de "diálogos sobre Alfabetização Cartográfica". Depende de cada um de nós formarmos um coletivo inteligente que discuta as divergências, que dê visibilidade aos trabalhos. Não existem trabalhos ruins, pobres ou inválidos. Todos os trabalhos são significativos para compor o coletivo inteligente, pois o que faz o coletivo não é um único trabalho extraordinário, mas o coletivo formado de trabalhos de professores pesquisadores que se torna extraordinário. Cada professor que observa como os alunos agem sobre o espaço tem importantes relatos a somar. O coletivo é rico porque mostra a diversidade de soluções que os professores encontram ao trabalhar com os alunos.

Convidamos os professores do Ensino Fundamental e todos os interessados a analisar o processo de aquisição da linguagem cartográfica de forma paralela às outras linguagens. Podemos considerar a Alfabetização Cartográfica um processo de aquisição de habilidades para ler o espaço, suas relações espaciais e ver "o que o mapa revela".

O estudo da metodologia de Alfabetização Cartográfica para a produção/leitura/produção de mapas tem, em primeiro lugar, como foco, a desconstrução do equívoco de que plantas e maquetes produzem conhecimento geográfico crítico por si. Em segundo lugar, objetiva colocar a Alfabetização Cartográfica no seu devido lugar: o de ser uma metodologia – o estudo dos métodos que possibilitam melhorar a compreensão do espaço geográfico por meio da elaboração e leitura de representações gráficas pelos sujeitos.

> *(...) Nesse sentido, encaminharíamos o sujeito para o entendimento da construção dos mapas, bem como da respectiva leitura, análise e interpretação, mobilizando, para tanto, as operações lógicas do pensamento, com o fim de que tais representações se tornem úteis, isto é, que constituam imagens reveladoras do conteúdo da informação, promovendo a compreensão, na busca do conhecimento* (Bertin, 1977, 1973, apud Martinelli, 1999).

A continuidade dos estudos, assim como dos debates que tomam a Alfabetização Cartográfica, na ótica do sujeito da aprendizagem e da função mediadora dos professores, objeto de investigação, é muito importante para enriquecer essa proposta metodológica.

Os desafios colocados no e pelo grupo, conflitando perspectivas, trazem a aprendizagem auxiliada pelas percepções e observações dos outros. Dessa forma, avançamos além dos limites do possível, provocados e desafiados para despertar as potencialidades.

As ações que os sujeitos realizam para desvendar o espaço melhoram as possibilidades de tornar as habilidades potenciais em desenvolvimento efetivo. Os limites existem para serem transpostos.

Conto com você e aguardo críticas e sugestões!

Referências **bibliográficas**

BARION, J. *Atlas escolar de Maringá*: trabalhos complementares através de pesquisa ação crítico-colaborativa – Um enfoque para os estudos da população, cidade e campo. Maringá: UEM, 2012.

BERTIN, J. *Sémiologie graphique:* les diagrammes, les réseaux, les cartes. Paris: Mouton et Gauthiers-Villars, 1967.

______. *La graphique et le traitement graphique de l'information*. Paris: Flamarion, 1977.

______. *A neográfica e o tratamento gráfico da informação*. Curitiba: UFPR, 1986.

______. *Voir or lire in cartes et figures de la terre*. Paris: Centre Pompidou, 1980. Transcrito. In: *Textos selecionados*. São Paulo: AGB, 1988.

FERREIRA, G. M. L.; MARTINELLI, M. *Atlas geográfico ilustrado*. São Paulo: Moderna, 2004.

FERREIRO, E. *Alfabetização em processo*. São Paulo: Cortez, 1992.

FOUCAULT, M. *Microfísica do poder*. Rio de Janeiro: Graal, 1984.

______. *As palavras e as coisas*. São Paulo: Martins Fontes, 1992.

FREINET, C. *O método natural, a aprendizagem do desenho*. Lisboa: Estampa, 1977.

GIMENO, R. *Apprendre à l'école par la graphique*. Paris: Retz, 1980.

IANNI, O. *Sociedade global*. Rio de Janeiro: Civilização Brasileira, 1992.

KAMII, C. *A criança e o número*. Campinas: Papirus, 1985.

LACOSTE, Y. *A geografia*: isso serve em primeiro lugar para fazer a guerra. Campinas: Papirus, 1988.

LEONTIEV, A. N. *et al. Psicologia e pedagogia I*: bases psicológicas da aprendizagem e do desenvolvimento. Lisboa: Estampa, 1991.

______ *et al. Psicologia e pedagogia II*: investigações experimentais sobre problemas didáticos específicos. Lisboa: Estampa, 1991.

LÉVY, P. *As tecnologias da inteligência*: o futuro do pensamento na era da informática. Rio de Janeiro: 34, 1993.

______. *Inteligência coletiva*: por uma antropologia do ciberespaço. São Paulo: Loyola, 1998. p. 20.

LUQUET, J. *Le dessin enfantin*. Paris: Félix Alcan, 1935.

MACEDO, L. *O funcionamento do sistema cognitivo e as derivações no campo da leitura e da escrita*. São Paulo: Ipusp, s/d.

______ *et al. Aprender com jogos e situações-problema*. Porto Alegre: Artmed, 2000.

MARTINELLI, M. *Curso de cartografia temática*. São Paulo: Contexto, 1991.

______. Alfabetização cartográfica. In: *Boletim de geografia*, v. 17, n. 1, 1999.

MARTINELLI, M. *Cartografia temática*: caderno de mapas. São Paulo: Edusp, 2003.

MEREDIEU, F. *O desenho infantil*. São Paulo: Cultrix, 1974.

MURRIE, Z. F. *et al*. *Universo da palavra, da alfabetização à literatura*. São Paulo: Iglu, 1995.

NOGUEIRA, R. E. *Motivações hodiernas para ensinar geografia*: representações do espaço para visuais e invisuais. Florianópolis: UFSC, 2009.

OLIVEIRA, A. U. *Integrar para não entregar*. Campinas: Papirus, 1988.

OLIVEIRA, L. *Estudo metodológico e cognitivo do mapa*. São Paulo: Instituto Geográfico, USP, 1978.

PASSINI, E. Y. *Alfabetização cartográfica e o livro didático*: uma análise crítica. Belo Horizonte: Lê, 1994.

______. *Os gráficos em livros didáticos de geografia de 5ª série*: seu significado para alunos e professores. Tese (Doutorado) – Faculdade de Educação da Universidade de São Paulo. São Paulo, 1996.

______. Alfabetização cartográfica. In: *Boletim de geografia*, Maringá, v. 17, n. 1, 1999.

______. Geografia: ver, tocar, sentir. In: *Boletim de geografia*, v. 19, n. 1, 2001. Maringá: UEM, 2001.

______ *et al*. A cartografia para crianças: alfabetização, educação ou iniciação cartográfica? In: *Boletim de geografia*, v. 17, n. 1, 1999. Maringá: UEM, 1999.

PASSINI, E. Y. *et al.* (Org.). *Atlas escolar de Maringá*: ambiente e educação. Maringá: Eduem, 2006.

______ *et al. Prática de ensino de geografia e o estágio supervisionado*. São Paulo: Contexto, 2007.

______ *et al. Alfabetização cartográfica*: vivência de uma pesquisa-ação colaborativa. Maringá: Eduem, 2009.

PETCHENIK, B. Cognição em cartografia. In: *Geocartografia*: textos selecionados de cartografia teórica. São Paulo: FFLCH-USP, 1995.

PIAGET, J.; INHELDER, B. *A representação do espaço na criança*. Porto Alegre: Artes Médicas, 1993.

SIMIELLI, M. E. R. *Primeiros mapas*. São Paulo: Ática, 1993.

______ . A cartografia como instrumento na aproximação dos lugares e do mundo. In: *PCN*: geografia. Brasília, DF: Secretaria de Ensino Fundamental, 1998. p. 76-8.

VYGOTSKY, L. S. *Pensamento e linguagem*. São Paulo: Martins Fontes, 2008.

WADSWORTH, B. J. *Piaget para o professor da pré-escola e 1º grau*. São Paulo: Pioneira, 1984.

ZABALZA, M. *O diário de aula*. Porto Alegre: Artmed, 2007.

CORTEZ
EDITORA